簡單做手工包
Bags Bags Bags
18個適合任何場合的亮眼設計

簡單做手工包

Bags Bags Bags

18個適合任何場合的亮眼設計

作者◎桃樂絲・伍德(Dorothy Wood)
攝影◎修娜・伍德(Shona Wood)
譯者◎王淑玫

太雅生活館

簡單做手工包　So Easy 112

作　　者	桃樂絲・伍德(Dorothy Wood)
攝　　影	修娜・伍德(Shona Wood)
翻　　譯	王淑玫

總 編 輯	張芳玲
主　　編	林淑媛
文字編輯	林麗珍
美術設計	鮑雅慧

太雅生活館出版社
電　　話：(02) 2880-7556　傳真：(02) 2882-1026
E - m a i l：taiya@morningstar.com.tw
郵政信箱：台北市郵政53-1291號信箱
太雅網址：http://taiya.morningstar.com.tw
購書網址：http://www.morningstar.com.tw

發 行 所	太雅出版有限公司
	台北市111劍潭路13號2樓
	行政院新聞局局版台業字第五○○四號
承　　製	知己圖書股份有限公司 台中市407工業區30路1號
	TEL：(04) 2358-1803
總 經 銷	知己圖書股份有限公司
	台北公司 台北市104羅斯福路二段95號4樓之3
	TEL：(02) 2367-2044　FAX：(02) 2363-5741
	台中公司 台中市407工業區30路1號
	TEL：(04) 2359-5819　FAX：(04) 2359-5493

郵政劃撥	15060393
戶　　名	知己圖書股份有限公司
廣告代理	太雅廣告部
	TEL：(02)2880-7556 E-mail：taiya@morningstar.com.tw
初　　版	西元2007年8月1日
定　　價	220元

(本書如有破損或缺頁，請寄回本公司發行部更換；或撥讀者服務部專線04-2359-5819)

ISBN：978-986-6952-60-9
Published by TAIYA Publishing Co.,Ltd.
Printed in Taiwan

國家圖書館出版品預行編目資料

簡單做手工包／桃樂絲・伍德 (Dorothy Wood)作；
　修娜・伍德 (Shona Wood)攝影；王淑玫譯.
　——初版. ——台北市：太雅, 2007. 08
　面；公分. —(生活技能：112)(So Easy：112)
　含索引
　譯自：Bags, bags, bags

　ISBN 978-986-6952-60-9 (平裝)

　1.手提袋　　2.手工藝

426.7　　　　　　　　　　　　　96013128

目錄

桶狀包

托特包

長型提把包

U形提把包

圓形提把包

前言

　　我們和祖母那一代不一樣,很少人能滿足於僅擁有一個包包。僅僅在一天中,我們就需要各種樣式和尺寸的包包。從日常用的托特包,到小型、裝飾性、夜晚和特殊場合的晚宴包。包包絕對是依據「形體基於功能」的概念而設計的物品,因為我們所需要攜帶的東西,決定了包包的形狀和尺寸。60頁上的燈心絨工作包大到足以攜帶毛線針和毛線,還有很多可以放編織小道具的口袋;另一方面,29頁的絲絨晚宴包只能裝皮夾和鎖匙。我們的生活型態也影響設計──都市人需要安全或是可以貼近身體的包包,例如在76頁上的斜紋軟呢包,或是48頁的長柄托特包。

　　所有的包包都有某種形式的提把,因為提把幾乎可以決定包包的風格,也因此影響到本書包包的分類。本書的章節包括布質提把的包包、長型提把、D形提把和圓形提把。提把有著各式各樣不同的質裁,例如木製、竹製、壓克力製等,你可以在各種提把中都找到不同風格的包包。這也讓你能輕易地改變包包的模樣:選擇鮮明的壓克力提把而非竹製提把,就讓包包從自然風轉成現代感。再將布料的

質裁從斜紋軟呢改成色彩鮮豔的帆布
或是塑膠布，就能完全扭轉包包的模
樣。

　有許多的形狀和不同風格的選擇，
從手提包到萬用包，所有的設計都可
以你個人色彩的選擇或品味而改變，
創造出真正獨一無二的包包。這是因
為每個包包都有紙型，有的是原寸，
有的則需要加以放大，或者是指示中
有詳細說明精確尺寸一般形狀。

　雖然縫紉的基礎能力很有幫助，不
過你不需要任何特殊的技巧就可以縫
製出本書中的包包。每個作品示範都
有著清楚的步驟說明，以及詳細的照
圖片引導從你剪裁到縫製的每一個步
驟。如果你是新手裁縫，在開始之前
先讀一遍技巧篇單元，熟悉一些基本
技能，並且在後面提到的時候，能夠
回到此處加以參考。

　自行製作包包有許多好處，過程不
但能讓人產生滿足感和享受，同時透
過自行挑選布料、色彩及裝飾品，你
將能製作出真正獨一無二的包包，有
這麼多不同的設計供你挑選，足以讓
你忙上好一段時間了！

材料與工具

製作包包所需的工具和裁縫衣服及縫製家飾品非常地類似。你只需要基本功能的縫紉機，也就是可以車直線的縫紉機就可以了，不過能夠車毛邊縫就夠好用了。要記得車縫針的尺寸必須和布料的厚薄能夠配合，否則車針可能會斷裂。80/90(14/16)號的車針最理想。讀一遍本單元，對於哪些質裁和工具適用於哪些包包的製作會有整體的概念。

布料

包包可以用各種不同的布料來製作，從透明的烏甘紗到厚重的家飾布料都可以採用，一切都視包包的風格而定。購買製作包包的布料時，你的第一個直覺可能是直接前往縫紉部門，但是有可能會在家飾布料部門或是窗簾質材部門找到更適合的布料。

大多數的日常用包需要相當結實的布料，以維持包包的形狀並且牢固到足以盛裝你的所有物或是購買的物品。家飾布料的較為結實，但卻仍能輕易地縫製。家飾布的另一個優點是有許多選擇。在當地的百貨部門中仔細地檢視懸掛在架子上的樣布，尋找如43頁的圓點或是84頁的米色提花織紋一樣美麗迷人的布料。通常最少要買1碼(1米)，儘管如此，你仍舊會擁有一個相當便宜，又獨一無二的包包。

裏布

裏布是用在包包內側的布料。裏布遮蓋住粘襯或是醜陋的縫分，賦予包包專業的收邊。一樣重視裏布和表布重要。和表布相比，裏布通常質料較輕薄，但是你應該根據包包的風格來挑選裏布的質料。晚宴包可以奢侈地以絲、緞或是塔夫塔綢作為裏布，但是日常用的托特包則需要更耐磨的布料。挑選能襯托出表布的顏色和紋樣的裏布——但這並不表示裏布必須搭配表布，可以採用完全對比的布料傳達出跳脫傳統的趣味。

粘襯

(從上開始：奇異襯、縫合式不織布襯、熱燙織紋薄襯、超軟熱燙襯、熱燙帆布襯、熱溶接著家飾用襯)

粘襯是包包製作中不可或缺的重要部分。它們用在裏布和表布之間，通常應該將粘襯固定在表布上。最實用的粘襯是採用熱燙結合而非車縫固定，因為可以達到完全支撐表布的效果。你甚至可以用熱燙薄襯，讓製衣用布料變得堅挺到可以用來製作包包。

不論你選擇哪種布料，都非常可能得用粘襯來支撐包包的形狀。有許多不同的粘襯可供挑選，從超軟、輕薄的粘襯，到專門用來製作繫帶和窗簾盒的粘襯。你需要的粘襯取決於布料的選擇和計畫中包包的風格。每一個包包的製作步驟中會建議你適合的粘襯，但是你仍應該針對你所挑選的布料測試一下，看看兩者是否能夠搭配。

提把

　　在手工藝品店和布店找得到各種形狀、尺寸的提把。如果你無法找到提把，參考本書供應商清單，尋找適當的郵購或是網路公司。本書中所使用的所有提把都是來自於95頁上的供應商。

　　包包提把通常是根據質材加以分類，最受歡迎的是壓克力、木製和竹製。有各種不同形狀的透明壓克力提把尤其好用，因為可以利用熱染劑染成任何顏色(見17頁)。

　　一旦決定要製作哪一個包包，要注意提把的風格和尺寸。如果你透過郵購或是網路購買的話，這一點尤其重要。你可以挑選不同質材的提把，但是需要盡量找尺寸和形狀相同的提把。

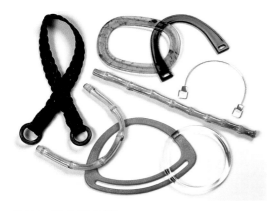

包包金屬零件

　　金屬零件是指所有製作包包時所使用的金屬製配件。有現成的零件，可以在手藝行和百貨公司購得。不用這些金屬零件也可以製作包包，不過這些零件能讓包包顯得更專業。在安裝這些零件時，請遵循製造商的說明，或者是遵循作品示範中的步驟，或是技巧篇的說明。

磁釦： 是專門設計已使用在包包上的配件。由兩個部分所組成，利用穿過包包布料上的剪開口安裝，然後在背面鎖緊。可以挑選黑色、金色、古銅色或是銀色的表面處理。

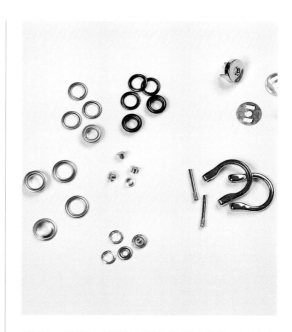

鉚釘： 這種大型的金屬鉚釘能保護包包的底部，尤其適用於底部堅硬的包包。鉚釘穿過布料上的剪開口，然後在反面與以固定。

提把環： 有些U型的提把用環扣與包包結合在一起。這環扣有可拆卸、穿過提把上的孔眼的針。

雞眼扣、按扣和壓扣： 這些金屬零件通常和安裝工具一起販售，不過你也可以分開購買。壓扣和按扣是用來固定或是關閉包包，雞眼扣則會在布料上形成整齊的孔眼。小型的雞眼扣可以用來固定肩帶，甚至作為裝飾。大型的雞眼扣則可用作水手包抽繩穿過的孔眼。

剪刀

　　剪裁布時，請使用裁縫用的大型剪刀。較長的刀口能剪出俐落的切口，同時要記得剪布剪刀只能用來剪布。需用另外一把剪刀作為剪紙的用途，不然會因為變得過鈍而無法剪布。小型的銳利剪刀，如剪線剪刀則很適合用來剪線、剪缺口和修剪線頭。

技巧

如果擁有縫紉技能的話，本書的包包製作附有清楚、容易遵循的步驟說明。如果是新手裁縫，在開始製作包包之前，先讀一遍本單元會有所幫助，同時在未來縫製過程中，也可以隨時以此為參考。

放大紙型

受限於空間不可能在書中放入包包的原寸紙型。最簡單的方式就是利用影印放大88～95頁上的的紙型。每個紙型都詳細地說明放大的比例。先將紙型影印到一張A4的紙張上，然後再根據比例放大到A3的紙上。

外加縫分

這些紙型並不包含縫分。除非特別說明，否則表布、裏布和粘襯的縫分都是1.5公分（0.625吋），不過粘襯通常都盡可能地修剪到貼近車縫線，以減少縫分厚度。如果影印紙上有足夠的空間時，你可以在放大為原寸後，在紙上畫出縫分，或者是在剪裁時候再加上縫分。兩種方式的技巧是相同的。

● 將版型放大至正確的尺寸。利用軟尺或是直尺，沿著紙型的邊緣標出1.5公分(0.625吋)的縫分。在直線的部分，你可以在間隔的兩端標上點記號，然後用直尺連結即可，但是在有弧度的位置，則需要盡量密集地點出縫分，才能順利地剪裁出正確的形狀。

整理布料

摺疊布料準備剪裁的方法，因所挑選布料的不同而有異。素面布料不成問題，因為它可以簡單地正面相對，對齊布邊後摺起來。摺布料時一定要沿著經緯線摺疊，如此剪裁時才會端正。

● 如果布料上有搶眼的紋樣，例如52頁上的珠飾包上的裝飾重點，或是像這朵刺繡花一樣的大型細節，就必須一片片剪裁，以確保紋樣在你需要的位置上。

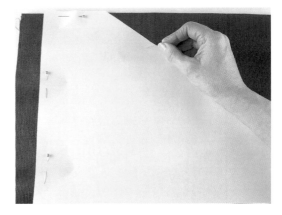

● 有方向性的布料，例如天鵝絨或是燈心絨就只能朝一個方向摺疊，摺疊的方向與布上的毛同一個方向。如果你摺的方向相反，包包兩面的毛就會倒向不同的方向。一般而言，毛應該朝上，這樣子布料的色澤會較有層次。

剪裁

　　根據需要摺疊布料，然後將紙型排好。想像一下一旦剪下這些紙型、縫合後，包包看起來的模樣，因為這會影響到你排放紙型的的方法。延伸布尤其尷尬，而且每片布料都不同。一般性的通則是專注於主要的表布，或者是在完成包包上會明顯的部分，然後針對此對花。

● 將紙型延著布的經線或緯線用珠針固定。畫出縫分，然後用裁布剪刀筆直地剪好。

標記紙型

　　有些紙型上有記號點，必須要轉移到布料上。這些記號點點明布料上必須要對好的不同位置，或者是必須要車縫的地方。你可以簡單地用鉛筆在縫分上畫上記號，但是最好是在每個記號的位置上用縫線做上記號。為了有助於正確的固定及作記號，你可以用縫線在銳角的位置，延伸布的尾端做記號。

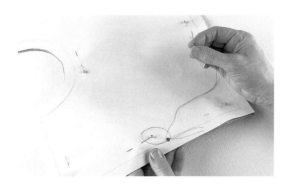

● 利用色彩鮮豔的雙線縫線，在記號點的位置上縫一小針，並且留2.5公分(1吋)的線尾。第二針則縫在第一針上，然後留一個大線圈環。

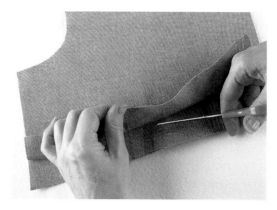

● 在另一面剪出2.5公分(1吋)的線尾。將兩層布料拉開，然後將中間剪開，在每一塊布上都留下一些線尾。

固定縫

　　固定縫防止布料在製作的過程中被拉扯。其實就是簡單地車縫，縫在單片布上常出現在弧線的位置。

● 在縫分內車一道縫線，這樣子一旦縫合後，就看不出來了。

假縫

假縫是車縫時,將兩層布料固定在一起的迅速縫法。採用對比色的縫線,並且須先打結,這樣子車縫後可以迅速地拆除。如果你要對花,或是要車縫皺褶時尤其有用。

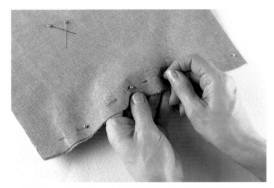

- 採用小針腳,但是兩針之間的距離可以放大。

不經假縫直接車縫

用來製作包包的布料往往比較結實,或者是貼有黏襯,很容易就可以直接車縫,無需假縫。

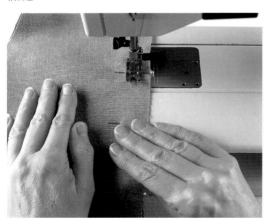

- 將層層布料用珠針固定,讓珠針與縫線成垂直角度,並且讓針珠位於毛邊的一側。你可直接車過珠針,然後再與以移除。

車縫

製作包包不需要花俏的縫紉機,因為你主要用到花紋是平針縫和毛邊縫。製作包包時採用品質較好的縫線,縫合線才會牢固。選擇2～3的針距,並且採用適合布的厚薄度的車針──80或90號最為理想。每一次更換布片時,就應檢查表布和裏布的針腳,並且視需要調整上線張力。布的兩側的車縫線看起來應該完全相同,細小針腳之間有著一個小點。

上線過緊

上線過鬆

正確張力

如果線浮在表布上面，上線張力就太緊了，將張力刻度調低。如果線浮在另一側的布上，上線張力就太鬆了——將刻度調高。

當車縫的張力正確實，布料兩面的縫線呈現一致的狀態。在兩個針腳之間應該有一個小小的點。

倒車

倒車是車縫結束的時候，用來穩固線頭，或是強化某部分車縫線時使用。

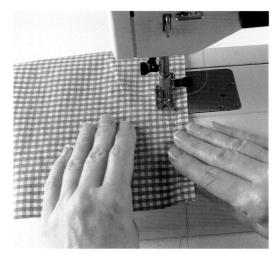

- 將針距放大到4。穿上對比色的縫線。在車縫線的左右兩側約0.3公分(0.125吋)的位置車一道直線。利用壓腳下方的針板做為距離參考。

- 車縫的開頭或結束時，將縫紉機調到倒車的位置，然後倒車已車過的部分約2公分(0.75吋)。

皺褶

本書中有些包包利用皺褶來塑型。皺褶可以在完成線的兩側手縫兩道直線來製作，但是用車縫皺褶更容易。

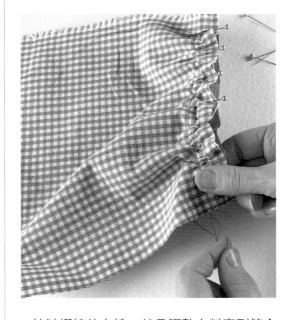

- 拉皺褶線的上線，並且調整布料直到符合需求的寬度。在兩側插入珠針，並且將縫線繞在珠針上固定。

- 可以直接壓過珠針車縫，不過如果在車縫前先假縫固定，並且移除珠針車縫，皺褶的效果會更均勻。將針距調回2～3之間，在皺褶線之間車縫。將皺褶線拉除。

修剪

　　所有紙型的縫分都是1.5公分(0.625吋)，而且通常在車合之後打開燙平即可。不過在有些作品中，可能會需要修剪縫分以減少厚度，或者是讓縫分能夠流暢地轉彎。請遵循各個作品示範中的指示。

- 將縫分修剪為0.6公分(0.25吋)。如果布料相當厚，又有好幾層，你可以採取遞增修剪縫分。從最上層以0.3公分(0.125吋)開始，逐層加寬留下的縫分。

剪牙口

　　有幾個包包的設計中有著弧線，需要仔細地處理，才會呈現最佳的效果。有弧度的縫合線，反轉之後無法攤平，除非透過修剪縫分，在縫分處修剪出鋸齒般的牙口。

- 將有弧度的縫分修剪為0.6公分(0.25吋)，然後在內凹的部位剪出鋸齒般的牙口，在外凸部分剪開即可。

整燙

　　整燙是在包包製作中最重要的技巧之一，有助於產生專業的結果。在每個階段燙開縫分是非常重要。

- 將縫分燙開有助於減少縫分的厚度，並且能讓層層的布料攤平。想要獲得最佳效果，必須沿著縫合線燙定針腳，然後再打開燙平。

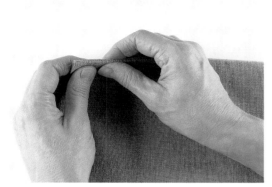

- 當縫分位於包包的邊緣時，可能的話就先將縫分燙開。用食指和拇指滾動布料，將車縫線轉到邊緣上，然後再整燙。

反轉布條

　　布條不過就是用布料製成的細布套，通常相當狹窄，可以取代繩索或是當作裝飾。以下反轉布條的技巧適用於各種寬度的布條。剪裁、對摺，然後根據指示縫合布條。可以購買專門用來反轉布條的工具，不過毛線棒針的效果一樣好。

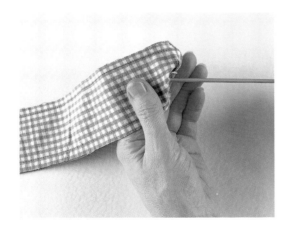

- 縫合布條的一個尾端，然後修剪轉角。將一個角塞入布條中，將棒針鈍尾放入，然後輕柔地將布料沿著棒針推動。

- 將棒針推入布條中，同時讓布料往棒針的下方挪動。剛開始會有點不順，但是很快就會上手了。

裝飾縫

　　雖然裝飾縫被視為裝飾細節，但它其實有實際的作用，尤其使用在包包或是肩帶的上緣時。裝飾縫能固定縫合線的正確位置。

- 如前述般滾動並整燙縫合線。沿著邊緣車縫。要維持縫線筆直，利用壓腳的邊緣作為輔助，如果有必要的話，將針的位置移向右邊。

針法

挑縫是一種非常實用的針法,而且完成後幾乎完全看不見。有兩種挑縫的方式,產生的結果非常的類似。挑縫是用來縫合車縫線上的缺口,或是在無需支撐力道的位置上,細緻地縫合兩塊布料——例如,縫合內裏時。

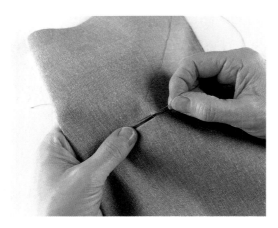

● 要縫合缺口,將針自縫合邊的一側褶線處穿出。將針插入正對面的褶邊裏。沿著褶邊挑起一小針,然後在另一個方向重複動作。

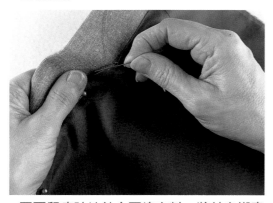

● 要不留痕跡地結合兩塊布料,將針自襯裏的邊緣穿出,然後在表布上挑起一小針。這可以直接縫在車縫線上。將針插入正對面的裏布中,沿著褶邊挑一針。重複直到完成。

下擺縫

下擺縫是一種牢固的針法,用來固定兩片布料。再仔細的手工,都無法完全隱藏下擺縫的針腳,所以通常用於看不見的位置。

● 將針自貼近表布邊緣的位置穿出。在略微前方的位置將針插入裏布,然後斜穿過表布。重複直到完成。

染棉布袋

現成的包包不需要經過預洗,就可以輕鬆地利用冷染劑染色。所獲得的顏色深度決定於染液中布料的重量。每一盒染劑可以染225克(8盎司)重的布料,所以可以根據這個比例減少染劑。一旦染色完畢可以購買人造寶石、鈕扣或是其他的裝飾品來搭配,而不要顛倒進行順序。

- 裝半桶冷水。將鹽和一包冷染定色劑用熱水溶解，然後再加入桶中。將染劑用一品脫的熱水溶解，然後加入桶中。用一個金屬或塑膠湯匙攪拌均勻。

- 將包包泡在溫水中，直到完全浸透，接著再加入染液中。持續攪拌15分鐘，然後在接下來的30～45分鐘之內，偶爾攪拌一下。

- 帶著橡皮手套，將包包自染液中取出。在加了一丁點清潔劑的熱水中，沖洗乾淨。在冷水中沖洗，直到流出來的水呈透明。將包包吊起來晾到快乾，然後在仍略帶潮濕的狀態下整燙。

染提把

　透明的壓克力提把可以利用熱染劑，染成任何一種顏色。不需要任何特殊的工具，不過必須帶橡皮手套，因為染劑會弄髒手。確保使用的是大龍染料(Dylon)或是其他類似的染料，冷染劑無法染壓克力。

- 量出30克(1盎司)的鹽。將大龍染料用一品脫的滾水溶解。將鹽和冷水定色劑用另一品脫的熱水溶解。把足以完全覆蓋把手的水倒入。把染液和鹽及定色劑加入，然後逐漸加熱到水小滾。將把手放入染液中，然後緩緩地移動提把。

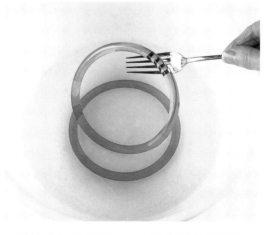

- 維持水滾的狀態，5分鐘後將提把翻面，持續移動提把5分鐘。用叉子或夾子將提把取出，在冷水中沖洗乾淨。

作品示範

迷你托特包

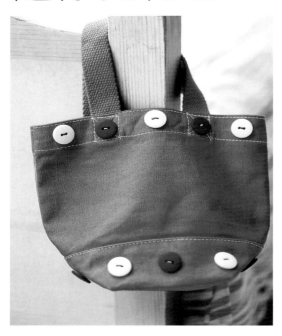

利用類似鈕扣、別針或是布製的主題紋樣等簡單的裝飾，賦予平淡無奇的包包個人特色。可以購買現成的素布包包，例如用牛仔布或是用各種棉質的白色或米色包包。

材料

- 現成的托特包
- 一盒大龍冷染劑
- 一包冷染定色劑
- 110克(4盎司)的食鹽
- 10個白色鈕扣
- 10個藍色鈕扣
- 白色和藍色的棉質縫線
- 手縫針

將包包染成你希望的顏色(見16頁)。想要有最佳的效果，要在包包仍略帶潮濕時整燙。挑選和染劑協調的鈕扣，直接在包包上排放，直到你滿意自己的設計為止。用對比色的縫線將鈕扣縫上。如果希望呈現細緻的手法，縫的時候盡量只穿透布料的表層，包包內就不會有難看的針腳了。

隨身包

繪布顏料是裝飾簡單染色包的快速方法。有許多不同的繪布顏料，如亮光、珠光和金屬光澤都可以利用繪畫、蓋印或是如在此處所呈現的，利用圓錐筆頭的手法。

材料

- 現成的隨身包
- 一盒大龍冷染劑
- 一包冷染定色劑
- 110克(4盎司)的食鹽
- 紅、黃、綠、橘色的半面珠
- 布料用膠
- 粉紅、黃、綠和橘色的立體繪布顏料
- 0.05公分(5號)筆頭

將現成布包染成想要的顏色(見16頁)。想要有最佳的效果，要在包包仍略帶潮濕時整燙。隨意將半面珠排放在布包上，避免將相同的顏色放在一起。用一點布膠將半面珠固定在包包上。將筆頭套在一瓶繪布顏料瓶口上，然後畫出顏色與半面珠搭配的花瓣。在花瓣上點綴一兩道短短的直線。利用其他的顏色完成整個設計。平放包包12個小時以完全晾乾。

珠飾購物包

絞染和蠟染等染色技巧，可以在單純的棉布包上製造出華麗的效果，然後還可以進一步地用繡線和珠珠加以裝飾。裝飾這個包包所使用的產品稱為簡易蠟染(Easy Batik)——效果和傳統蠟染類似，但是容易多了。可以在包包上繪出任何花樣，利用像這個螺旋狀的大型打孔器，作為創作的靈感。

材料

- 現成購物袋
- 大龍冷染劑淺粉和深粉紅各一盒
- 2包冷染定色劑
- 220克(8盎司)的食鹽
- 螺旋狀大型打孔器和紙
- 鉛筆
- 大龍簡易蠟染
- 0.05公分(5號)筆頭和壓瓶
- 深紅、桃紅、橘和淡橘色的棉質繡線
- 約25個陶瓷圓扁珠

1 你可以用直接在白色包包上進行裝飾，不過如果想要較細緻的效果，先將包包染成淺粉紅色(見16頁)。包包乾了後，在包包中放入卡紙，以隔開兩層布料。剪裁或是利用打孔器製作數個你想要的紋樣，然後在包包上排放。用鉛筆輕輕地描繪出紋樣。

2　可以用筆塗簡易蠟染，或是將簡易蠟染倒入壓瓶中，再裝上筆頭會更容易操作。在使用前要搖勻，並且要確定簡易蠟染有滲透布料。先描繪出邊線，然後填滿紋樣。

3　放置數小時等待乾燥。然後用一塊布蓋住，每個區域要燙2分鐘。

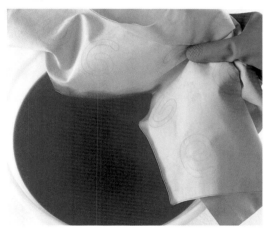

4　在一個大型容器內調製深粉紅色的染劑。帶上橡膠手套，將包包放入染液中浸泡30分鐘，期間需三不五時地攪動一下。將包包取出，用冷水沖洗，直到流出的水無色。用熱水清洗，以移除簡易蠟染。

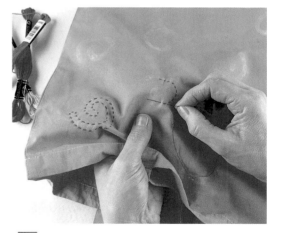

5　利用簡單的刺繡針法裝飾紋樣。用2股線沿著邊線做平針縫，就效果十足。可以在每個紋樣上，使用不同顏色的繡線，以呈現多采多姿的模樣。在紋樣之間縫上一顆陶珠，就完成了包包的製作。

朵麗包

　　朵麗包又稱為桃樂絲包，是傳統上伴娘用的小提包，裡面裝五彩碎紙、花瓣或是米，拿來撒在剛完婚的新人身上。如果採用白色或是米色的絲料製作，朵麗包也是新娘最理想的配件。珍珠的顏色也可以染成各種不同的粉彩顏色，以搭配伴娘的禮服，或是挑選灰色和銀色的珠珠製作一個鑲珠、刺繡的美麗包包。

材料

- 45平方公分(18平方英吋)的銀色玉絲
- 45平方公分(18平方英吋)的超軟熱燙黏襯
- 鉛筆
- 銀色繡線和針
- 各50顆0.3公分(0.125吋)銀色和灰色珍珠
- 各75顆0.6公分(0.25吋)銀色和灰色米粒珍珠
- 刺繡剪刀
- 50公分(20吋)細銀繩或是緞帶，製作蝴蝶結繫帶
- 40公分(16吋)中粗銀繩，製作提把
- 45平方公分(18平方英吋)銀色烏干紗，製作襯裏

縫分是1.5公分(0.625吋)，採用平針縫

1 剪一塊32X25公分(12.5X10吋)銀色玉絲。剪下兩塊黏襯,分別是32X15公分(12.5X6吋)及32X9公分(12.5X3.5吋)。對齊下緣,如圖所示將大片的黏襯放在玉絲上,再將小塊的黏襯放在大片黏襯上,用熨斗固定。想要均勻、但是又不規則地安排珠飾紋樣,先用鉛筆在黏襯上點出位置,每個點之間要間隔3~4公分(1.25~1.5吋),同時縫分的位置不可放置珠飾紋樣。

2 使用雙股的銀色繡線,從第一個點的位置上穿出,穿入一個銀色珍珠,然後再穿入表布。縫上4個米粒珍珠,形成花瓣。在花瓣之間,從中心點穿出繡上0.6公分(0.25吋)的直線。變化珍珠的顏色,在每個點上縫製一朵珠花。

3 在珠花之間,縫上一顆銀色珍珠。在珍珠的周圍,採用2股銀色繡線,用雛菊繡繡出6朵花瓣(見對頁圖解),製作較小的花朵。在所有的珠花之間的空白區域,刺繡銀色小花,變化花心珍珠的顏色。最後,在刺繡後布料的空隙間,縫上一顆顆灰色或銀色的珍珠。在一半以上的區域,以隨性的手法繡縫單顆珍珠,有柔和珠飾的邊緣線。

雛菊繡

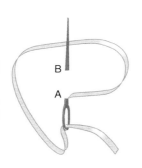

線自A穿出，繞一個小圈圈，然後將線再自A點穿入，從B點穿出。

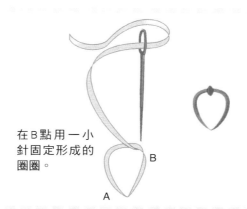

在B點用一小針固定形成的圈圈。

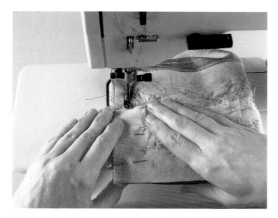

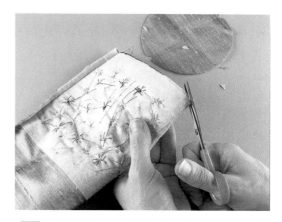

4 在表布反面的中央，上緣下方8公分(3吋)的位置，燙上一塊3X3公分(1.25X1.25吋)的黏襯，強化表布方便開扣洞。在正面，黏襯位置的中央，用手縫線標出2個0.7公分(0.375吋)寬的扣洞位置。另用縫紉機的開扣眼的功能，製作2個扣洞。用刺繡剪刀剪開扣洞。換上拉鍊壓腳，就不會在車縫時壓到珍珠。將絲布橫向、正面朝內對摺，形成桶狀、車合。打開縫分燙平。

5 要製作包包的底部，先將兩塊12平方公分(4.75平方英吋)的黏襯，黏燙在一塊12平方公分(4.75平方英吋)的銀色玉絲上。在黏襯上畫出一個直徑11公分(4.25吋)的圓圈，然後剪下來。將袋底摺成4等份，然後如圖所示在外側剪出牙口，標出4等份的位置。桶狀袋身的底部同樣要剪出1/4位置的牙口。對齊袋身和袋底的牙口，用珠針固定袋身和袋底後假縫固定。剪開袋身的縫分，以攤平袋底然後車縫固定。將縫分修剪為0.6公分(0.25吋)。

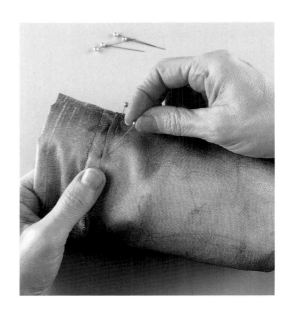

6 將袋子上緣的向內側摺5公分（2吋）。在鈕洞的上下兩側相距0.7公分（0.375吋）的直線，形成色管。將細銀繩穿過包管，打個蝴蝶結。將中粗銀繩的尾端車縫固定在袋身的內部兩側，完成提把。

7 製作烏干紗的襯裏需剪裁一塊32X17公分（12.5X6.75吋）的布塊，以及一塊直徑11公分（4.25吋）的圓圈作為袋底。襯裏縫成圓桶狀後，以相同的手法縫合袋底（見【步驟5】）。將包包反轉過來，反摺襯裏的上緣，然後將包包套入。用挑縫將內袋固定在包管的車線上，然後將包包翻為正面。

小撇步

　　用最新的超軟黏襯來襯絲，因為效果比起傳統黏襯更柔和。

絲絨晚宴包

　　絲絨迷人、奢華的特質最適合來製作晚宴包。因為通常是在晚上使用，所以在裝飾上大可誇張。晚宴包上添加了駝鳥毛和珠珠流蘇，讓它顯得艷光四射。鮮紅色包包最適合搭配黑色小禮服，不過，你當然可以挑選任何一種顏色。駝鳥毛、珠珠流蘇和包包的絲絨顏色必須是相同色系，才能呈現出典雅的風采。

材料

60X25公分(24X10吋)紅色絲絨

60X20公分(24X8吋)超軟黏襯

紅色縫線

20公分(16吋)駝鳥毛邊飾

紅色壓棉線

串珠用針

珠珠：2瓶11號的紅色彩珠

　　　1管0.6公分紅色扁平橢圓形珠

　　　1管0.6公分紅色米珠

　　　1管0.4公分紅色圓形水晶珠

　　　1管0.3公分紅色水滴形珠

60X20平方公分(24X8吋)紅色塔夫塔綢

縫分是1.5公分(0.625吋)，採用平針縫

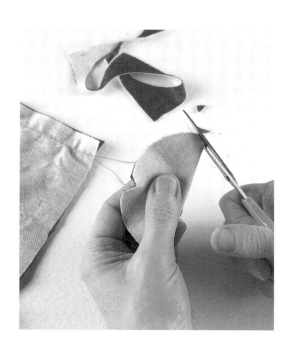

1 在一塊10平方公分(4平方英吋)的紅絲絨的背面，燙上兩層黏襯(如果黏襯較厚，燙一層就夠了)。在黏襯上畫出一個直徑8公分(3.125吋)的圓圈，然後剪下來。剪一塊50X20公分(19.75X8吋)的紅絲絨，然後在反面燙上一層相同大小的黏襯。正面相對，橫著對摺成一半，然後車合。用小牙口在外側標記出圓圈的1/4點位置，並且將桶狀的表布的底部也以相同的手法做出記號。

2 在桶狀表布的上下方邊緣，各車兩道皺褶線(見13頁技巧篇)。車皺褶線必須將針距調到4，然後在距離上緣1.2公分(0.5吋)以及1.7公分(0.75吋)的位置，各車一道縫線。在下緣重複這個動作。稍微拉緊下緣的皺褶線，然後將下緣的牙口與包底的牙口對齊，用珠針將包底固定在桶狀表布上。調整皺褶，直到均勻分布，然後打結固定。修剪下緣縫分，直到包身的縫分能攤平在包底圓圈上，車縫並順便移除珠針。抽除皺褶線，然後毛邊縫縫分並修剪整齊。

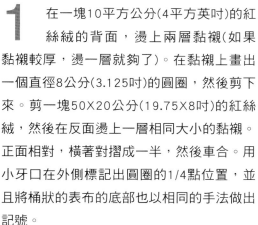

小撇步

選擇新式超軟、能和絲絨一起伸縮，同時也能維持包包形狀的薄襯。

3　將包包反轉，並且拉緊上緣的皺褶線，直到壓平的包包開口只有20公分(8吋)寬。將駝鳥羽毛邊飾剪成小段，每段約5～6根羽毛，然後一小段、一小段的沿著上緣手縫固定。在縫線位置上方，車縫固定羽毛。車3道毛邊縫固定羽毛尾端。

4　製作布邊，須先剪一條5×45公分(2×17.25吋)的絲絨布條。正面相對，沿著長邊對摺。車縫2公分(0.75吋)然後倒車回邊緣，另一側的邊緣以相同的手法處理，這就會形成縮口緞帶穿過的開口。打開並燙平縫分，暫時放在一旁。

小撇步

駝鳥羽毛邊飾常常黏在布邊上，你在修剪成段之前應該先移除布邊。

5 採取雙線，將一根針穿上紅色壓棉線。從布邊正面的下方穿出。挑起3顆小珠，1顆橢圓形扁珠、1個水晶珠、3顆小珠，然後1顆水滴珠。然後從倒數第二顆珠開始，反穿過剛形成的珠串。在珠串的上方，縫上1顆水晶珠。沿著包包開口、包邊的下方，每隔0.7公分(0.375吋)就縫一條珠串。可改變小珠的數量或加倍珠串的長度。

6 正面相對，同時對齊縫分，將【步驟4】的包邊用珠針固定在包包的上緣。車縫固定，將縫分修剪為1公分(0.5吋)。用包邊包住上緣，珠針固定。沿著包包上緣，包邊的下方，從正面車縫固定。

7 製作提把，需剪兩段2公尺(2碼)長的紅色壓線。將兩條線穿上針，然後在距離尾端15公分(6吋)的位置打結。挑起7顆小珠，然後接著是一顆你選擇的裝飾珠珠。重複直到提把有50公分(20吋)長，就可以將兩條線打結固定。牢牢地將提把的兩端縫在包包的兩側。用一塊20X43公分(8X17吋)和一塊直徑8公分(3.25吋)圓圈的紅色塔夫塔綢製作襯裏。將上緣摺燙出1.5公分(0.625吋)縫分，然後將襯裏塞入包包中。用珠針固定，然後手縫固定在包包上緣的車縫線上。將紅色緞帶穿過包管套，然後拉緊打結。

水手包

　　搭乘大眾運輸工具時，使用水手包最理想了，因為雙手有空可以緊握扶手！水手包也很適用於必須一手牽著孩子，或是推娃娃車，然後還要背著一堆東西的人。水手包的靈巧內裏，設計有能安全收納鎖匙、手機和其他小玩意的內袋。水手包本身的支撐性就很好，但是採用較薄布料時，可以添加黏襯，以增加支撐度。

材料

- 1公尺(1碼)152公分(60吋)幅寬的圓點布料
- 50公分(0.5碼)152公分(60吋)幅寬的條紋布料
- 50公分(0.5碼)中厚黏襯(視狀況)
- 2.5公尺(2.5碼)藍色繩索
- 8個1.1公分(0.5吋)銀色雞眼扣和安裝工具

縫分是1.5公分(0.625吋)，採用平針縫

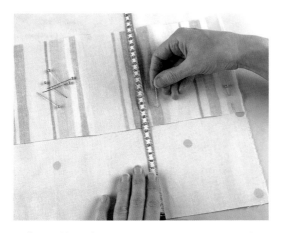

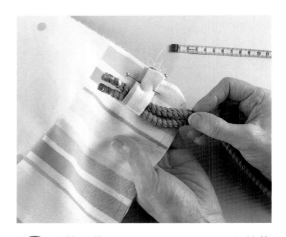

1 剪一塊73X42公分(29X16.5吋)的圓點布料,如果布料太軟,可在背面燙上一層黏襯。剪一塊73X15公分(29X6吋)的條紋布料,讓完成的布料條紋成垂直走向。正面相對,將條紋布料放在距離下緣12.5公分(5吋)的位置上用珠針固定在一起。採用1.5公分(0.625吋)的縫分,車縫固定兩塊布,然後將條紋布料反摺下來整燙。假縫固定下緣。

小撇步

採用單一方向性紋樣的布料,在【步驟1】時需要將布上下顛倒固定,車縫反轉後才會呈正確方向。

2 剪兩條6.5X10公分(2.5X4吋)的條紋布料布條。沿著長邊正面相對對摺,在距離毛邊0.6公分(0.25吋)的位置車縫固定。反轉布條,並且整燙。製作下方的抽繩環,將一塊布條對摺,然後用珠針固定在距離下緣4.5公分(1.75吋)的位置。檢查環套是否足以讓兩條抽繩穿過。用珠針固定包包毛邊,車縫固定。製作固定抽繩環,則將第二個布條對摺,然後車合。反轉過來,攤開縫分。將縫分放在中央位置,攤平,然後車縫固定在縫線上。

3 用條紋布料剪一塊直徑25公分(10吋)的圓圈,並且燙上粘襯。在圓圈的邊緣外側,以小牙口標記出1/4點的位置。並且將桶狀的表布的底部也以相同的手法做出記號,對齊缺口。假縫包底後車縫固定。將縫分修剪為0.6公分(0.25吋)然後拷克或是毛邊縫縫分。

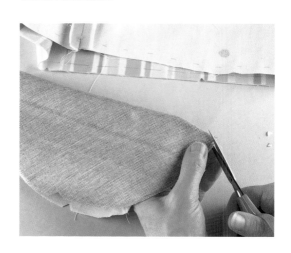

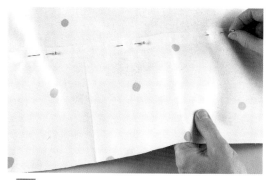

4 製作上緣包邊，剪一條73X11公分 (29X4.75吋)的條紋布條，讓條紋的 方向與包包下方條紋方向一致。沿著長邊對 摺，車縫固定然後攤開燙平。與包包正面相 對，套在包口上包包上緣2.5公分(1吋)的位 置，對齊車縫線。距離條紋布條上緣1.5公 分(0.625吋)的位置車縫固定。將包邊布條反 摺包住包包的上緣。沿著上緣摺燙出1.5公 分(0.625吋)的縫分。

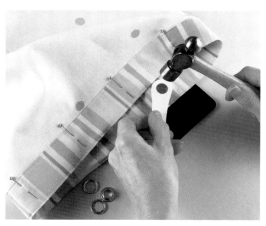

5 要製作內袋，剪一塊73X20公分 (29X8吋)的圓點布料。在長邊上摺 燙出兩道1.5公分(0.625吋)的縫分，並且車 縫固定。將內袋布摺成6個等份，然後整燙 褶線。將內袋布的正面朝上，用珠針固定在 一塊73X42公分(29X16.5吋)的圓點布料上。 沿著摺燙線車縫固定。將圓點布料車合，並 且車上一塊直徑25公分(10吋)的圓圈以完成 襯裏。將襯裏放入包包內，用珠針固定。沿 著條紋布條的下方，車合包包的表布和襯 裏。將包邊反轉並摺燙出1.5公分(0.625吋) 的縫分，然後用包邊反摺包住包包的上緣。 沿著包邊的下緣假縫後車縫固定。

6 用珠針沿著包包的上緣，包邊中央 的位置標記出雞眼扣的位置。從包 包縫合線的兩側各4公分(1.5吋)位置開始， 以8～9公分(3～3.5吋)的均勻間隔雞眼扣的 位置。根據製造商的說明安裝雞眼扣。從縫 合線一側雞眼扣開始穿抽繩，一直到最後一 個雞眼扣。將抽繩的兩個尾端各穿過【步驟 2】製作的固定環的一個孔。然後再將尾端 穿過下方的抽繩環。檢查抽繩的長度足以讓 包包完全的開啟，然後打結固定抽繩。

烏甘紗托特包

　　這個精緻小包包的設計，結合了貼布繡、刺繡和珠繡。利用對比色彩的烏甘紗，並且採用法式接縫，讓包包內部完全不見毛邊。這個包包很容易製作，同時貼布繡裝飾手法，簡單到可以自行創作紋樣，呈現出更獨一無二的包包。採用柔美的粉彩顏色、白色或米色，都能讓這個包包成為伴娘，甚至是新娘最迷人的裝飾。

材料

- 32X30公分(12.5X12吋)金棕色烏甘紗
- 32X70公分(12.5X27.5吋)粉紅色烏甘紗
- 鉛筆
- 奇異襯
- 淺粉紅和金棕色的繡線
- 4個水滴形珍珠

縫分是1.5公分(0.625吋)，採用平針縫

1 　兩種顏色的烏甘紗，各剪兩塊16X20公分(6.25X8吋)的布，一組先擱置一旁待用。將一組烏甘紗，正面相對，沿著長邊車縫固定。將縫分倒向深色的烏甘紗燙平，然後修剪為0.6公分(0.25吋)。另一組烏甘紗以相同手法處理，製作成另一側的表布。影印88頁上的紙型。將表布正面朝上放在紙型上，將縫線對齊中央水平線，金棕色的部分在線下方。輕輕地用鉛筆描出葉梗。

2 　將葉子的形狀描到奇異襯上，然後燙在剩下的金棕色烏甘紗上，然後剪下。將正方形描到奇異襯上，燙在剩下的粉紅色烏甘紗上，然後剪下。將另一片粉紅色烏甘紗燙到方形奇異襯的另一面，才會突顯在深色的布料上。當所有的形狀都剪好後，撥除奇異襯上的紙，然後將它們貼在表布上標記的正確位置。用一塊防沾粘的烤箱用紙保護熨斗，然後整燙固定。

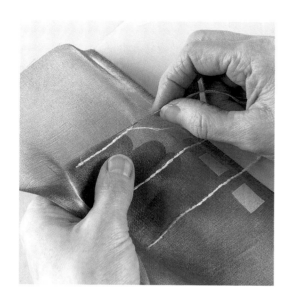
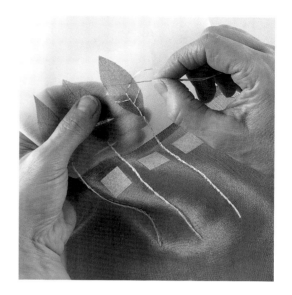

3 用雙線的淺粉紅色繡線，沿著鉛筆的痕跡，繡出葉桿。葉桿的繡法是將針自葉桿的尾端刺出。然後以平針縫在約0.4～0.5公分(0.125～0.25吋)的位置刺入，後在第一個針目的一半的位置一側刺出。繼續以相同的針目長度，以相同的手法繡完葉桿。要確定繡線的長度足夠繡完整根葉桿。（譯註：此種繡法即坊間通稱的輪廓繡。）

4 剩下來的刺繡部分，都是以回針繡以及賀班繡(Holbein stitch)組合完成。這兩種針法在表面看起來一模一樣。賀班繡先以平針繡完成整個線條，然後再回頭以平針繡補滿先前平針繡在表面出現的缺口。回針繡則是以一道手續完成線條，將針自下一針目的前方刺出，然後返回來自上一針目的前方刺入。葉脈的部分用賀班繡，然後葉子和正方形的邊緣則是以回針繡完成。

小撇步

刺繡透明布料時，要避免在布的下方拉線，要沿著繡過的位置進行。

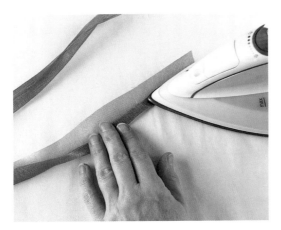

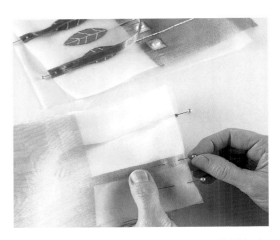

5 製作提把，剪兩條4X30公分(1.5X12吋)的金棕色烏甘紗。將布條沿著長邊對摺燙好，然後將兩側邊緣向中央褶線摺好，燙平。用一樣的顏色，沿著摺好的邊緣車縫。將提把用珠針固定在包包表布的上緣，葉子的上方，對齊毛邊。

6 剪兩塊18X23公分(7X9吋)的粉紅色烏甘紗，然後將這些襯裏用珠針固定在表布的正面。將前後兩片表布修剪為相同大小。沿著表布上緣車縫，將縫分修剪為0.6公分(0.25吋)，將襯裏與表布攤開摺好，燙平。

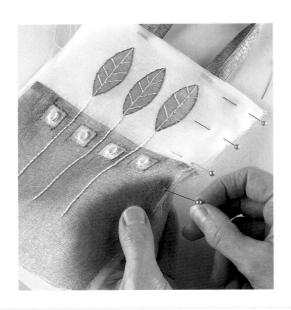

7 要製作法式接縫，將兩片表布背面相對，用珠針固定。採用0.7公分(0.375吋)的縫分，沿著兩側和包底車縫。將縫分修剪為0.3公分(0.125吋)，同時修剪角落。將包包翻過來，整燙。以0.6公分(0.25吋)的縫分，沿著兩側和包底車縫，再翻轉為正面，整燙。最後，在正方形上面各繡上一顆米粒珠，即完工。

邊釦托特包

　　每個人家裡至少都需要一個托特包，因為托特包實在是最好用的包包。這個讓人眼睛一亮的包包，不過是個平凡的托特包，在兩側添加了邊扣，讓它呈現特殊的形狀。圓點布料是理想的選擇，因為更能襯托出包扣，不過，當然可以採用任何其他布料。如果你喜歡提把較長的托特包，好背在肩上的話，只需要量出需要的長度，然後加長提把布料的長度即可。

材料

- 50公分(0.5碼)142公分(56吋)幅寬的藍色圓點
- 50公分(0.5碼)90公分(36吋)幅寬的白色麻布作為襯裏
- 棒針或是反轉器
- 2個1.9公分(0.75吋)的布包扣

縫分是1.5公分(0.625吋)，採用平針縫

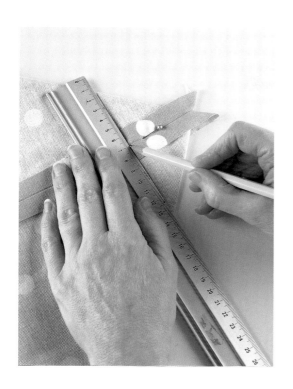

1 剪兩塊45X46公分(17.75X18吋)的藍色圓點布料。正面對，將兩側和下方車合，然後將縫分燙開。要製作出包包的形狀，打開下方的轉角，將下方縫線與側面縫線對齊，然後用一根珠針穿過兩道縫線，以正確對齊。從尖角量6公分(2.375吋)的位置，用鉛筆劃一道與縫線垂直的直線。沿著這條直線車縫，在頭尾需倒車以強化縫線。在另一角以相同手法處理，然後將包包翻轉出來。

小撇步

想要包包形狀更穩固，可以用壓克力或是硬紙板製作一個包底板，然後在安裝襯裏之前固定在包底。

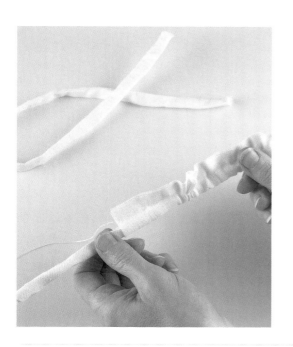

2 製作包包兩側環帶，剪兩條5X 50公分(2X20吋)的白色麻布條。沿著長邊對摺，然後車縫固定長邊及一側短邊。利用棒針或是反轉器將布條翻轉成正面(見15頁技巧篇)。由兩端將內側的縫份縫線拉平，並且將縫份倒向一側燙平。

3 將【步驟2】的環帶對摺，打開形成一個尖角，整燙。在三角形的底部車縫固定。在這一道車縫線下方2.5公分(1吋)的位置，來回車縫數次，以製作扣洞。將環帶的尾端摺到反面，從褶線到尖端長20公分(8吋)。在包包的兩側，自側邊量13.5公分(5.25吋)的位置用珠針標出位置。在包包的背面，自包包側邊量11.5公分(4.5吋)的位置，用珠針固定環帶摺起的尾端。車縫一個正方形以固定環帶，車縫兩次以強化固定。

小撇步

剪裁大圓點表布時，盡量注意圓點的位置，盡可能地齊圓點的分布所形成的線條。

4 自環帶摺起的尾端量8公分(3吋)的位置，然後將這點固定在包包的側邊縫線上，距離包包上緣11.5公分(4.5吋)的高度。在縫線上來回車縫固定。根據製造商的說明製作2個藍色包扣。將包扣縫在包包正面珠針的位置，然後將環帶扣上。

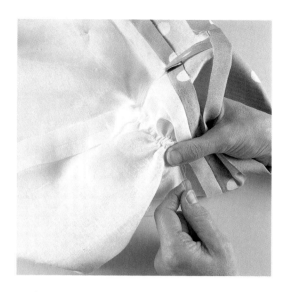

5 剪兩條6X45公分(2.25X18吋)的藍色圓點布條來製作提把。將布條正面相對沿著長邊對摺，然後以0.6公分(0.25吋)的縫分，車合長邊及一側短邊。利用棒針或是反轉器將布條反轉過來。將縫線調向布條的一側，整燙。自包包兩側縫邊量13.5公分(5.25吋)的位置用珠針標出位置。對齊毛邊，將提把用珠針固定在包包的上緣。

6 製作襯裏，剪兩條10X45公分(4X18吋)的藍色緣點布料，以及兩塊38X45公分(15X18吋)的白色麻布。將圓點布條與白色麻布車合，組合成兩塊布，然後打開縫分整燙。以【步驟1】的手法製作襯裏，在側面的縫合線上，留下缺口做為反轉用。用珠針標出環帶的位置，然後在標記之間車兩道皺褶線。拉緊皺褶線致寬度僅剩20公分(8吋)，在反面打結固定。

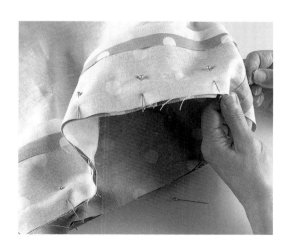

7 正面相對，將【步驟6】的圓點布條部分用珠針固定在白色襯裏上。然後沿著包包的上緣，用珠針固定後車縫。將包包翻轉過來，挑縫縫合開口。整燙上緣縫線。

長提把托特包

　選擇素面帆布，再搭配較薄的印花布作為襯裏，就能製作出這個迷人的托特包。它是個很容易製作的包包，成功的關鍵在於內外層的大小必須完全一致，所以在標記縫分和剪裁時得非常地小心。如果找不到尺寸相同的帶頭，只要調整背帶寬度以及包包紙型就可以了。

材料

● ● ● ● ● ● ● ● ● ● ● ●

- 50公分(0.5碼)142公分(56吋)幅寬的艷粉色帆布
- 50公分(0.5碼)142公分(56吋)幅寬的米色粉紅紋樣布料做襯裏
- 4個3.2公分(1.25吋)銀色帶頭
- 15平方公分(6平方英吋)奇異襯
- 36個0.4公分(0.19吋)的銀色雞眼扣

● ● ● ● ● ● ● ● ● ● ● ●

縫分是1.5公分(0.625吋)，採用平針縫

1 影印後剪下89頁的紙型，每個顏色的布料要剪兩塊與紙型相同大小的布料。延伸布的部分，自各個顏色剪一條12X104公分(4.75X41吋)的布條。這個包包的設計，需要特別注意正確的縫分，所以在剪裁之前，先測量然後用鉛筆標記出縫分(見10～11頁技巧篇)。以此包包為例，如圖所示採用外加縫份的作法，可以產生更為精確的結果。

2　正面相對，將艷粉色帆布延伸布固定在艷粉色的表布的側邊。在延伸布的縫分上剪出1公分(0.5吋)的牙口，以助於布料順著弧度彎曲。如果需要的話，可以修剪延伸布直到包包的上緣。車縫固定，然後車縫固定延伸布另一側的表布。用粉紅印花布，以相同的手法縫製襯裏，在包底留下缺口，以作為反轉用。打開縫分燙平，並且將縫分修剪至0.6公分(0.25吋)。

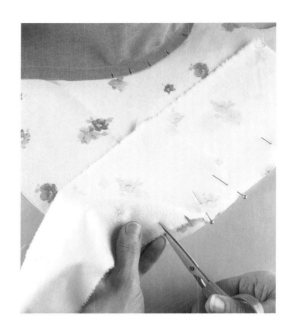

小撇步

在接合之前，先修剪表布和襯裏的轉彎處的角落部分，以確保完美的貼合。

3　正面相對，將表布放入襯裏內。對齊縫線後，將兩層布用珠針固定。測量提把的寬度，然後標出縫分。兩道縫線之間的寬度，應該要比帶頭內側寬0.2公分(0.03吋)。沿著縫線的位置車縫，在提把的短端上緣留下開口。

4　將縫分修剪為0.6公分(0.25吋)。沿著弧度的位置，每0.7公分(0.375吋)就剪一個牙口。製作帶環，剪4條3X10公分(1.125X4吋)艷粉色帆布，並且在每一條的背面燙上奇異襯。正面相對，然後車縫固定。修剪縫分後，小心地攤開。將外側毛邊轉到中央，整燙固定。反轉環帶，待用。

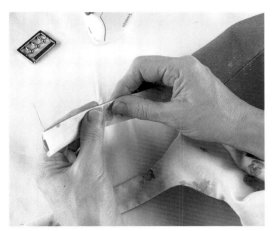

5 利用襯裏上的缺口，將包包反轉為正面。用手指滾動接合縫線(見15頁技巧篇)，讓縫線恰好落在邊緣上，整燙。挑縫縫合襯裏上的缺口。將【步驟4】製作的布環套在提把的短端上。將短提把的一端，穿過帶頭的下放橫桿。在反面將毛邊往下摺起2.5公分(1吋)。沿著褶線車縫，然後在壓腳允許的情況下，盡可能地貼近帶頭車縫固定。

6 製作提把，各個顏色剪出兩條6.5X75公分(2.5X30吋)的布條。正面相對，將艷粉色帆布和粉紅印花布用珠針固定，然後在尾端畫出圓弧。要確保提帶適合帶頭的寬度，可以用鉛筆和直尺測量並標記出縫分。提把比帶頭內側寬0.2公分(0.03吋)。沿著提把和弧度車縫，在長邊上留下一個反轉用的缺口。將縫分修剪至0.6公分(0.25吋)，如圖所示地修剪弧度。反轉提把，滾動調整縫線後仔細整燙。挑縫縫合缺口。以相同手法製作另一條提帶。

7 雞眼扣的數目決定於帶頭上的扣齒數。3個金屬扣齒的帶頭，須先在提帶兩端約14公分(5.5吋)的地方標出雞眼扣的位置。根據製造商的說明，在提帶上橫著打上3個雞眼扣，然後套在帶頭的扣齒上。在雞眼扣的位置的前後各7.5公分(3吋)的位置再打2組雞眼扣作為裝飾。最後，用提帶中央的雞眼扣於帶頭上，然後將提帶的尾端套入環套中。

珠飾包

　　在逛街時，有時候會在服飾店或是二手店中看到便宜的包包。包包的布料或許不夠吸引人，有可能形狀或顏色不對，但是往往為了包包的提把值得買下它。這對美麗的木質提把就是這麼來的，經過重新設計後，變成一個現代感十足的包包。可以用珠珠、別針或是絲花來裝飾包包。

材料

　　41X48公分(16X19吋)中厚的家飾布

　　1.2公分(1吋)的雙面膠

　　一對開口長21.5公分(8.5吋)木質提把

　　縫線和細縫針

　　一些形狀各異的彩珠

　　50X50平方公分(20X20平方英吋)藍色聚酯纖維
　　　布料作為襯裏

縫分是1.5公分(0.625吋)，採用平針縫

小撇步

　　如果選擇較薄的布料，在製作之前，先在布料的背面燙上一層厚黏襯，以維持包包的形狀。

1 將布料正面朝上放好。測量並在下列位置上，用珠針標記出包包上緣的褶襉。從短邊的兩側，在5公分(2吋)、3公分(1.125吋)、2公分(0.75吋)、3公分(1.125吋)、2公分(0.75吋)、3公分(1.125吋)，然後在中央的位置留下5公分(2吋)。將布料上下對摺成一半，然後在每根珠針的位置上，同時將兩層布料剪出0.6(0.25吋)的牙口。移除珠針，攤開布料。

小撇步

你可以將包包的長度加上20公分(8吋)，然後以完全相同的手法製作出一個較大的包包。

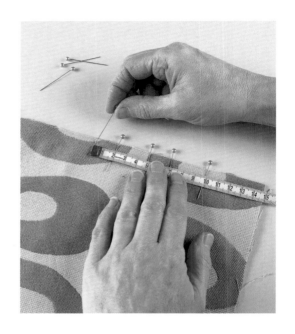

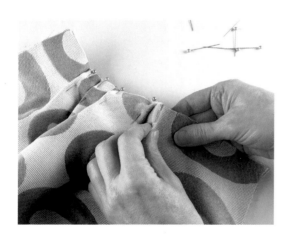

2 製作褶襉要從中央5公分(2吋)的一側開始摺，讓兩個相鄰的缺口重疊在一起，用珠針固定。留一個空隙，再製作下一個褶襉，然後用珠針固定。再留一個空隙，再製作第三個褶襉，再用珠針固定。在另一側重複製作褶襉，以相同的手法在包包的另一面製作褶襉。兩側要一致。

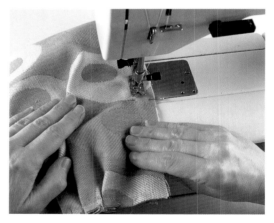

3 在毛邊下方0.7公分(0.375吋)位置處，車縫固定褶襉，順便移除珠針。將包包正面相對對摺，然後用珠針固定住側邊縫分。在包包的兩側，自對摺線上車合12公分(4.75吋)，在開始的位置要倒車以增強縫線的力道。整燙縫線，將縫分攤平於兩側。

4　將雙面膠貼在包包提把開口下的內側。將打褶的布料自外側向內放入開口中。撕去雙面膠的護背，將摺起的布料貼上。必須多拉一些布料，好讓布料填滿提把開口。

5　用珠珠裝飾包包。以這塊布料為例，用珠珠強調包包正面一個橢圓形的紋樣。要縫上珠珠，採用雙線，打結，後自布料背面刺入從正面挑出。穿起一顆珠珠，然後再將針刺入表面。一顆珠要縫2針，以確保牢固。繼續以2針固定每個珠珠直到完成裝飾。在表布的反面，用2針回針縫固定。

6　將包包放在一塊對摺的襯裏上。沿著包包的兩側和包底剪裁包包的形狀，需加上1.5公分(0.625吋)的縫分。在包包開口的位置，縫分要留多一些。用珠針標記出兩側車邊的位置。車縫固定包包的兩側和底部，並且將縫分修剪為0.6公分(0.25吋)。將襯裏放入包包內，並且用珠針固定側邊縫線。整齊地摺好襯裏的上緣，用珠針固定在襇褶上，盡可能貼近提把開口的地方。以挑縫手縫固定襯裏，要盡可能地看不出縫線。

雙面包

　　兩面穿的衣服花你一份錢，就能擁有兩種不同模樣的服飾，這個罕見的包包提供相同的效果。這些鈕扣讓你可以將提把取下，內外反轉改變重點色彩。當然，也可以換個提把！挑選色彩搭配的兩種布料，然後再選擇搭配提把的鈕扣，製作出呈現整體感的包包。

材料

- 50公分(20吋)90公分(36吋)幅寬的淺紫色布料
- 50公分(20吋)90公分(36吋)幅寬的淺紫色花紋布料
- 50公分(20吋)0.7公分(0.375吋)寬的紫色烏甘紗緞帶
- 一對19.5公分(7.75吋)寬的黑色壓克力提把
- 12個2～2.5公分(0.75～1吋)的鈕扣

縫分是1.5公分(0.625吋)，採用平針縫

1 影印90頁上的紙型，在兩塊布料上各剪兩塊包包形狀，以及一條9×65公分(3.5×25.5吋)的布條。製作延伸布，先將布條平放，然後自兩端測量並標出布條兩側15公分(6吋)的位置。在布條的兩端標出中央點的位置。自中央點用鉛筆劃一條線到15公分(6吋)的標記上，製作出一個尖角，然後在沿著線剪開，在接近兩側的點上要微微修出弧度。

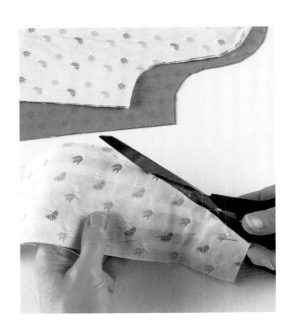

小撇步

在剪之前先標出縫分，兩層布料的大小才會一致。

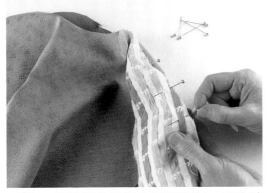

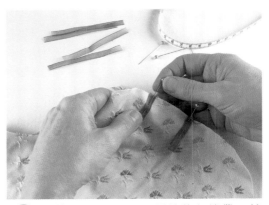

2 將淺紫色的表布正面相對，用珠針固定在一起，然後從兩側車一道4公分(1.5吋)長的縫線，必須倒車以增強力度。燙開縫分。將淺紫花的延伸布用珠針固定在表布的一側。從尖角車到尖角，然後用珠針固定另一側後，車縫固定。以相同的手法製作花布包以及素面延伸布，在包底直線的邊緣上留一個開口，作為反轉用。

3 剪6段8公分(3吋)長的紫色緞帶，然後對摺。將一個對摺的緞帶放在花布包的中央上方，緞帶向下，對齊毛邊。用珠針將另兩條摺起的緞帶固定在中央緞帶兩側3.5公分(1.375吋)的位置。以相同的手法用珠針固定剩下來的3條緞帶，在包包另一側相同的位置上。

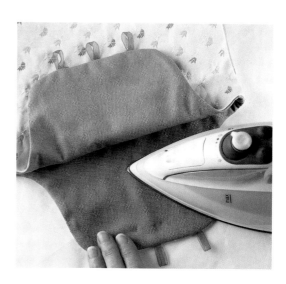

4 將淺紫素面包的內側反轉到外側，花布包則維持正面朝外。2個包包正面相對，將花布包放入素面包中，用珠針固定上緣，要對齊縫線。沿著邊緣車縫。將縫分修剪為0.6公分(0.25吋)。在外凸的弧線上剪出小牙口，小心地剪開內凹的弧線(見14頁技巧篇)。

5 自花布包的缺口處，將包包反轉出來，然後小心整燙。要讓縫線恰好落在邊線上，將手指沾濕，然後滾動縫邊(見15頁技巧篇)。挑縫縫合反轉的開口。

6 套上提把，並且用珠針固定住袋口布的位置。用珠針標出距離緞帶扣環0.3公分(0.125吋)的位置。在包包的兩側各縫上一組釦子。想要讓包包可以雙面使用，在包包內側相同的位置上，再縫上另一組釦子。

小撇步

喜歡的話，可以在包包的內外兩側採用不同花樣的釦子。

燈心絨工作包

　　毛線編織是種越來越流行的嗜好，這個實用的工作包雅致到足以帶著上班，讓你可以在休息的時間打毛線。這個靈巧的兩片重疊設計，在包包內側和外側都形成口袋。可以只用單色來製作這個包包。不過兩種對比的顏色強調出迷人的斜線，同時留下握住竹製提把的空間。挑選類似細燈心絨這種結實的布料，或是選擇丹寧布、帆布，來製作這個容量大、能安全收納手工作品和所需工具的實用包包。

材料

50公分(0.5碼)90公分(36吋)幅寬的米色細燈心絨

50公分(0.5碼)90公分(36吋)幅寬的暗紅色細燈心絨

鉛筆

一對32公分(12.5吋)竹提把

米色及暗紅色縫線

縫分是1.5公分(0.625吋)，採用平針縫

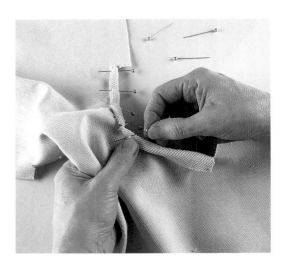

1 　將米色燈心絨布摺成一半，褶線需
　與燈心絨線條走向呈直角。影印
並剪下91頁上的紙型，將紙型上緣對齊褶
線，然後將紙型用珠針固定在布上。在紙型
周圍褶線以外的地方，加上1.5公分(0.625
吋)的縫分，然後剪裁。以相同手法在兩種
顏色的燈心絨布，各剪下兩塊與紙型大小相
同的布。

2 　在4塊布上，用鉛筆標記出紙型上的
　記號。記號就是要車縫的位置。移
除紙型，並且在標記的位置上剪出1.5公分
(0.625吋)的缺口。攤開米色的絨布。在斜邊
上標記點之間的縫分對摺，然後再摺到反面
用珠針固定。摺起的部分在中央會比較窄，
但是應該要摺到足以在沿著邊緣車縫時，可
以車到與以固定的程度。沿著褶線的邊緣及
反摺的位置車縫。

3 　將米色燈心絨布沿著紙型標出的褶
　線位置正面相對對摺，然後車合斜
邊。兩側車至標記點的位置。修剪縫分然後
燙開。將布反轉過來，用珠針固定斜角縫
線。在這條縫線上車上兩道裝飾線，延續先
前的車縫線。以相同的手法製作4片布塊。

4 將米色布放在暗紅色布上。將一根竹製提把放入褶中，然後用珠針固定住層層布料。利用一個直徑約13公分(5吋)的小盤子，在包底的兩側下角畫出弧線。用珠針、假縫固定層層布料。縫紉機穿上米色的上線，暗紅色的下線。沿著先前的車線，在兩層布重疊的地方車一個菱形，以車合兩色布料交錯的部位。以相同的手法製作包包的另一側。

5 製作延伸布，先剪一條18X78(7X30.75吋)的暗紅色絨布條。在布條的兩端向反面摺一點，車縫固定。正面相對，將延伸布的一側用珠針固定於第一塊表布上。在延伸布的轉角縫分位置修剪出牙口，讓弧度更容易呈現。車縫固定一下，然後以相同的手法固定住延伸布的另一側和另一片表布。

小撇步

安裝延伸布用珠針固定兩側時，先標記並對齊延伸布和表布的中央位置。

6 利用延伸布可以順便為這個包包的毛邊收邊。首先，將縫分準確地修剪為0.6公分(0.25吋)，然後將包包反轉過來。將延伸布的上緣摺起，並且修剪角落以減少厚度。用延伸布包摺住修剪過後的毛邊，然後用珠針固定。視個人喜好，可以假縫固定、移除珠針，然後沿著包邊從正面車縫固定。在包包的另一面重複相同的手法。

緞帶帆布包

　　這個鮮豔的大包包有多個大而實用的口袋,最適合裝許多零碎東西,也是郊遊或海灘時的理想尺寸包包。包包內採用家飾布專用的帆布黏襯,有助於支撐壓克力提把的重量。也可以採用布質提把,然後延伸檸檬綠緞帶的長度加以強化。可以用任何顏色的布料來製作此包包,只要挑選出協調和對比的緞帶各一種即可。

材料

- 90公分(36吋)145公分(57吋)幅寬的綠色棉質帆布
- 46公分(18吋)90公分(36吋)幅寬的帆布黏襯
- 搭配布料和緞帶的縫線
- 2公尺(2碼)2.5公分(1吋)寬的深紫色緞帶
- 2公尺(2碼)1.5公分(0.625吋)寬的檸檬綠色緞帶
- 一對綠色壓克力提把底部寬14公分(5.5吋)

縫分是1.5公分(0.625吋),採用平針縫

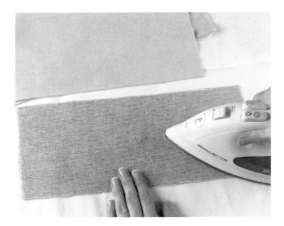

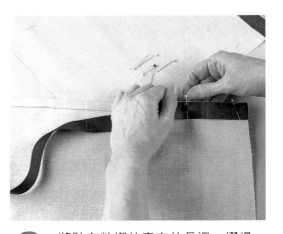

1 剪兩塊34X91公分(13.5X36吋)的綠色帆布,作為包包的表布,再剪一塊相同大小的粘襯。另外剪一塊20X91公分(8X36吋)的綠色帆布,以製作口袋。剪兩塊15X35公分(6X13.75吋)的綠色帆布作為包底,另外一塊相同大小的粘襯。將粘襯燙到相同尺寸的帆布的背面。

2 將貼有粘襯的表布的長邊,摺燙一道1.5公分(0.625吋)的縫分到正面。將深紫色的緞帶沿著上緣用珠針固定,覆蓋住反摺的縫分,然後沿著緞帶的上下緣採相同方向車縫,以避免緞帶扭曲變形。在貼有粘襯的口袋布上以相同的手法反摺縫分,並且車縫上深紫色緞帶,以遮蓋住毛邊。

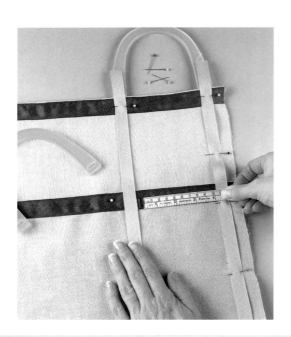

		提把的位置					提把的位置
9公分	12公分	9公分	14公分	9公分	12公分	9公分	14公分
			32公分				
1.5公分的縫分			口袋布				1.5公分的縫分

3 將口袋布放在包包表布上,對齊下緣。如上圖標記出緞帶、提把和角落的位置的上下緣上插入珠針。將一個提把放在右側,對齊縫分。將檸檬綠的緞帶直接沿著提把的兩側安放,上緣需凸出於包包上緣6公分(2.5吋)。

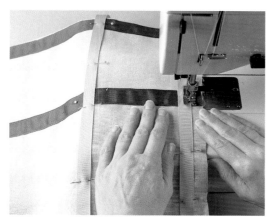

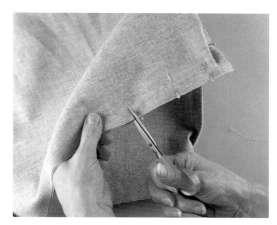

4 將第二個提把放在另一個14公分(5.5吋)圖中左側的位置上,並且如先前般地用珠針固定好檸檬綠緞帶。沿著緞帶的兩側車縫,在頭尾都需倒車以強化縫線。將包包的側邊縫合,要確認深紫色的緞帶有對齊。將縫分的粘襯修除,燙開縫分。

5 整面相對,將其中一片有貼粘襯的包底用珠針固定在32公分(12.5吋)標記點之間。珠針之間車縫固定,首尾需倒車以強化。一次只車縫包底的一側。在每個珠針標記的位置上剪小牙口,讓轉角的弧度更容易成形、車合。

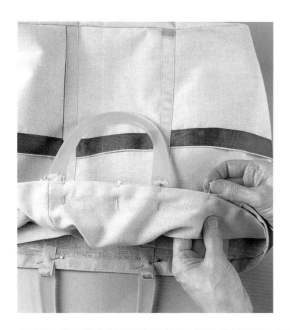

6 用剩下的袋布和包底布縫製襯裏。用珠針將包底固定在袋布上,將襯裏放入包包內時,縫線才會對齊。修剪包底的縫分,並且在上緣向外側摺燙一道1.5公分(0.625吋)的縫分。將襯裏放入包包內。突出的緞帶穿過提把的開口,然後牢牢地固定。用珠針固定襯裏的位置,然後沿著上緣車縫固定。要記得使用搭配的縫線車縫包包和緞帶。

小撇步

若想要更專業的呈現,採用搭配緞帶顏色的上線,下線則須搭配包包的顏色。

大麥町紋羽毛包

　　這是個經典款式的包包，很容易就可以改成一個手提包，或者是放大尺寸成為購物包。布料的選擇可根據個人喜好，不過，動物皮毛印花幾乎是永遠不會退流行。這個101忠狗的花紋相當有趣，可以再添加羽毛邊飾以增添奢華感。當然，這不過是一種建議而已，可以採用緞帶、絲花或是珠珠邊飾來裝飾你的包包。

材料

- 50公分(0.5碼)90公分(36吋)幅寬的動物皮毛印花布
- 50公分(0.5碼)90公分(36吋)幅寬的帆布黏襯
- 50公分(0.5碼)90公分(36吋)幅寬的繫帶專用黏襯(可不用)
- 50公分(0.5碼)90公分(36吋)幅寬的黑色府綢作為襯裏
- 32公分(12吋)長的0.7公分(0.375吋)寬的黑色緞帶
- 一對8X14公分(3.25X 5.5吋)黑色壓克力提把
- 磁扣和AB膠
- 75公分(30吋)黑色羽毛邊飾

縫分是1.5公分(0.625吋)，採用平針縫

1 影印並剪下92頁的紙型。將包包的紙型放在動物花紋布上,布的毛要向下倒,同時在紙型周圍加上縫分,剪下兩塊袋布和一塊底布。剪下相同尺寸的粘襯,並且燙在相符合的表布的背面。在包底和表布上用假縫(見11頁技巧篇)標出角落的記號。

小撇步

如果找不到熱燙固定的硬襯,也可以用布料用噴膠噴在布上,然後直接貼在表布背面。

2 將表布正面相對,用珠針固定。車縫兩側,在第一個假縫位置要倒車,以增加強度。放入包底布,對齊表布上的假縫線。一次車縫一側,從點車到點,在首尾都要倒車。修剪角落,並且修剪包底角落的尖角。

3 這是一個可以省略的步驟。雖然有點麻煩,但是能讓包包的形狀非常地穩固。剪裁出紙型大小的繫帶專用粘襯。將包包翻轉過來,放入包底,用一個捲起的毛巾穩固包包形狀,然後整燙固定。將包包翻轉過來,放入包體的襯,並且放在縫分的下方,然後熱燙固定。將布料沿著上緣反摺包住硬襯,然後車縫固定。

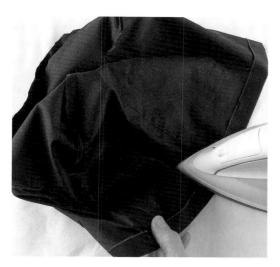

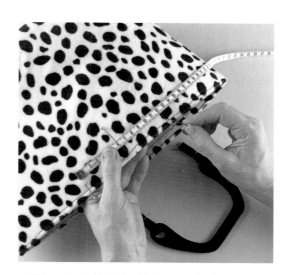

4 自黑色府綢剪下兩塊包體及一塊包底襯裏布。喜歡的話，還可以製作一個小口袋，然後縫在一側的襯裏上(見79頁【步驟5】)。以車合包包的手法車縫襯裏。打開並整燙縫分，沿著上緣摺燙1.5公分(0.625吋)的縫分。

5 在每個提把的開口，各穿過一條8公分(3吋)長的黑色緞帶。用珠針將緞帶固定在包包內側，讓提把落在中央的位置。不要把緞帶弄得過緊，提把應能自由地上下活動。沿著先前的車縫線來回車兩、三趟，以固定提把。

小撇步

安裝磁扣時，要在布料的背面或是襯裏上面燙上一塊中厚的粘襯，以支撐磁扣的重量。

6 將襯裏放入包內，並且用珠針固定。如果想要採用磁扣的話，現在就將它穿過襯裏安裝好，並且採用AB膠將磁扣固定在硬襯上。採手工挑縫將襯裏固定在包包表布上。用珠針將羽毛飾帶固定在包包的上緣，然後修剪成適當的長度。整齊地捲縫羽毛，不要讓針腳出現在包包內側。

塑膠花布包

　　這是個趣味十足的包包，特殊的設計讓製作方法變得非常地簡單。採用了摺疊邊角然後車縫，以形成包底的形狀，而非採用放入底板的做法。提把採用螺絲安裝，讓你能自由挑選珠珠。當然，也可以購買現成、搭配的珠珠提把。這種自行添加珠珠提把的好處，就在於能夠挑選完全搭配包包布料的彩珠。

材料

- 45X90公分(18X36吋)印花塑膠布
- 鉛筆
- 直尺
- 4組銀色壓扣
- 槌子
- 一對14X19.5公分(5.5X3.75吋)銀色螺絲可串珠提把
- 約32顆1.2公分(0.5吋)搭配塑膠布顏色的彩珠
- 強力膠或AB膠
- 布用黏膠
- 迴紋針
- 硬紙板
- 噴膠

縫分是1.5公分(0.625吋)，採用平針縫

1 剪兩塊35X33公分(14X13吋)的塑膠布。正面相對,將短邊和底部車合。在車線首尾都需倒車,與以強化。修剪角落。

小撇步

要正確的剪裁出袋布,用鉛筆在塑膠布的背面精確的測量並且畫出紙型。

2 製作出包底寬度:攤開包底角落,對齊包底與側邊的縫線,在兩道縫線上穿過一根珠針與以固定。自尖角量7公分(2.75吋)的位置用鉛筆畫一道與縫線垂直的線。沿著鉛筆線車縫,然後修剪尖角至0.6公分(0.25吋)。在另一角重複。

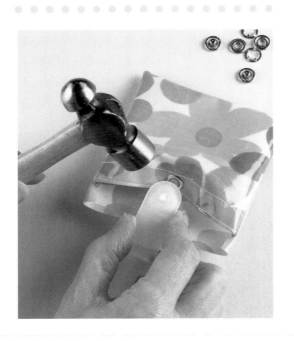

3 製作內側口袋,剪一塊12X20公分(5X8吋)的塑膠布。在短邊上反摺出一道1.5公分(0.625吋)的縫分,間隔1公分(0.5吋)車兩道縫線。正面相對摺起,未車褶邊的一側要凸出1.2公分(0.5吋)。車縫固定兩側,然後反轉出正面。根據製造商的步驟說明,利用槌子和安裝工具,在口袋的中央位置安裝壓扣。

小撇步

想要有細緻的內部,可以在車縫包底角落之前,先用布料用膠將側邊和底部縫分貼平。

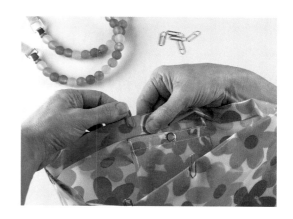

4 轉開珠珠提把的一側，穿上足夠的珠子，然後再重新鎖上。可能在兩側需用一、兩個較小型的珠子，讓珠子間隔更為緊密。想要更安全穩固的提把，可以在螺絲上滴一、兩滴3秒膠，或是AB膠，就可以長時間地固定住螺絲。剪4段1.2×8公分(0.5×3吋)的塑膠布條。將布條穿過提把的開口，然後用布料膠粘合。

小撇步

摺疊一塊塑膠布模擬包包的上緣。在這塊布上練習安裝壓扣，並檢查是否正確安裝。壓扣鎖緊的部分應該在包包外側，凸出的部分則在提把的中央。

6 用鉛筆在包包上緣的中間，標記出距離兩側縫線3公分(0.25吋)的位置。根據製造商的說明，在兩側安裝好一對壓扣。扣住壓扣調整包包的形狀。標記出提把的中間位置，然後安裝另一組壓扣。測量包底的尺寸，剪裁並安裝一塊硬塑膠板。在板上面噴上膠，然後用一塊略大的塑膠布蓋住，然後將板面朝下，安裝在包底。

5 反轉包包，並且摺兩道2公分(0.75吋)的褶邊。用迴紋針固定上緣褶邊。修剪包邊內的多餘縫分，以減少厚度。將口袋放於一側的縫分下，用迴紋針固定位置。將提把倒置入包內，然後再反過來，好讓提把下緣緊密地貼合包包上緣。沿著包邊的下緣車縫，同時移除迴紋針。然後再車縫固定包邊的上緣。

斜紋軟呢皺褶包

　　專門為圓形提把設計的包包，不論是壓克力、木質或是竹製的提把都適用。至於布料，則挑選可以搭配提把顏色和質感的花色多樣的迷人斜紋軟呢。有些斜紋軟呢的織紋中夾雜著特殊線材，所以在剪裁時要注　意，包包兩面的方向必須一致。如果想要採用不同類型的布料，挑選一個觸感柔軟的布料，才能順暢地在提把的位置做出皺褶的效果。

材料

- 50公分(0.5碼)115公分(45吋)幅寬的斜紋軟呢或其他軟布
- 一對直徑18 公分(7吋)竹製力提把
- 45平方公分(18平方英吋)的黏襯
- 磁扣和AB膠
- 50公分(0.5碼)91公分(36吋)黑色府綢做襯裏
- 竹釦
- 老虎鉗

縫分是1.5公分(0.625吋)，採用平針縫

1 影印93頁上的紙型，製作袋布、襯裏、袋扣布及口袋布。將斜紋軟呢布正面相對，上下對摺。將袋布紙型用珠針固定在布上，在周圍加上縫分，然後剪下兩塊袋布。利用假縫標記出紙型上的記號(見11頁技巧篇)，然後將兩片表布分開。要標出表布上緣的褶線，將紙型往下移動，對齊第一個假縫線記號。在兩塊布上沿著弧度的邊緣，用線標記出褶線的弧度。

2 將袋布正面相對用珠針固定，然後車縫固定包底弧線，兩個假縫標記線之間，在首尾需倒車與以強化。然後在距離第一道縫線0.2公分(0.06吋)的位置，再車一道平行的弧線，以強化包底。修剪弧度上的縫分並剪出牙口，然後將整面翻出來。

小撇步

假縫時，使用顏色鮮豔的縫線，才會清楚地呈現在表布上。

3 將兩側縫邊的上緣摺下，並且假縫固定。正面朝上，盡可能貼近褶線車縫，來回多車幾遍以固定。之後再車縫另一側的褶子。將帶布沿著假縫線摺起，將竹提把放入，用珠針固定。在提把下方，用回針縫固定兩層布，縫線的首尾要牢固。如果將珠針固定住的布沿著提把拉開、攤平，就會比較容易進行回針縫，縫好後再聚攏成皺褶狀。

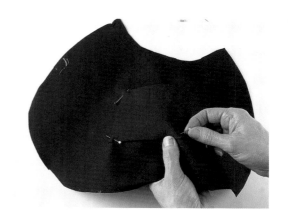

4 根據紙型剪兩塊袋口布，同時用熨斗各燙上一塊粘襯。根據製造商說明，將磁扣較薄的一面，安裝在粘襯上紙型標記出的位置。可以用AB膠在一塊2.5平方公分(1平方英吋)的後面貼上粘襯，以強化磁扣。完成袋扣布，將正面相對，沿著邊緣車縫固定，在長邊留下一個供翻轉用的開口。修剪縫分及角落，將袋扣布正面翻出來。沿著包包背後的回針縫線用珠針固定袋扣布，然後在包包正面標記出磁扣的位置。在內側燙上一小塊粘襯與以強化，同時將磁扣較厚的一片安裝好。

5 自黑色府綢剪出兩塊襯裏袋布，用假縫標記出記號點。剪下兩塊如袋布大小的粘襯，燙在襯裏的背面。製作內側口袋，剪一塊14平方公分(5.5平方英吋)的棉質府綢。在一側摺兩道1公分(0.5吋)的縫邊，車縫固定。剩下的三邊，各摺一道1公分(0.5吋)的褶邊，整燙後用珠針固定(正確位置請參考紙型)，車縫固定三邊，在縫線首尾需倒車以與以強化。

6 在兩片襯裏上方弧線的位置車上固定縫線(見11頁的技巧篇)，然後每隔2公分(0.75吋)就近可能地貼近縫線剪一個小牙口。將襯裏布對齊，口袋在內側放好。車縫固定假縫記號之間，首尾需倒車加以強化。將弧度縫分修剪為0.6公分(0.25吋)。將上緣反摺下來，假縫固定。將襯裏放入包包內，挑縫固定。將袋口布的窄端縫在包包背面縫線上面。在袋口布的前面縫上一個竹扣。

海灘包

　很適合帶去海灘的包包——因為它能夠挺立，較不會讓砂子弄髒你的野餐、泳裝或是防曬乳液。製作的時候基本關鍵就是表布和黏襯必須大小完全一致，這樣表布才會服貼的包在挺直的內襯上。如果找不到這個包包採用的藍色提把，不用擔心，很容易就可以利用家用染料將透明提把染成你想要的顏色。如何為提把上色，詳見17頁的技巧篇。

材料

50公分(0.5碼)繫帶專用黏襯
鉛筆
50公分(0.5碼)繡花藍色細格紋棉布
50公分(0.5碼)藍色素面帆布
奇異襯
一對直徑13公分(5吋)藍色壓克力提把

染色提把
顏色與布料搭配的大龍熱染劑
食用鹽

縫分是1.5公分(0.625吋)，採用平針縫

1　如有需要，可以將透明的壓克力提
把染成與袋布搭配的顏色(見17頁技巧篇)。影印並剪下94～95頁上的紙型，並且自繫帶粘襯上剪下與兩塊正面袋布，兩片側袋布和包底布不加縫分的尺寸與形狀。在正面袋布上的弧線部分，在邊緣下0.3公分(0.125吋)的位置用鉛筆劃一條虛線，然後沿著線剪開。

小撇步

　　要正確地剪裁出縫分，可利用全新紙型描出形狀，然後在周圍加上1.5公分(0.625吋)。

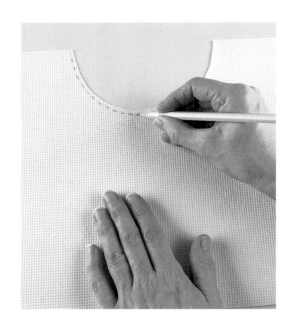

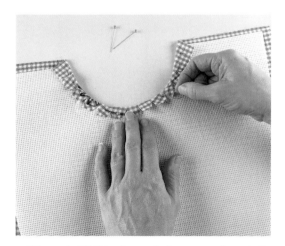

2　在周圍加上1.5公分(0.625吋)，自細格紋布剪下正面袋布，兩片側袋布和包底布。將紙型端正地放在細格紋棉布的背面，沿著弧線畫並且精確地車在這條線上。將硬襯燙在布的背面。剪開至縫線，反摺下縫分並整燙。沿著弧度用珠針固定。

3　將表布正面相對，對齊放好，將側邊縫起。打開並整燙縫分。用珠針固定包底，沿著各邊車縫，每個角落轉彎要仔細車縫。將帶底縫分修剪為0.6公分(0.25吋)。就完成了一個硬內袋，待用。

4 現在要製作外袋。在周圍加上1.5公分(0.625吋)，自藍色素布剪下正面袋布，兩片側袋布和包底布。剪開紙型上對比布線，然後在細格紋棉布上剪出對比的袋布部分。沿著格紋布上緣，摺燙出1.5公分(0.625吋)的縫分，用珠針將格紋布固定在素布上，直到下緣對齊，然後沿著上緣車縫。在縫分內車縫或假縫固定邊緣，已鎖定兩層布料。

5 固定縫弧狀邊緣，修剪後用珠針固定。用珠針固定住外袋的布片，以1.2公分(0.5吋)縫分車縫固定側邊。較窄的縫分讓外袋比內袋略大，可以順利套住。打開並整燙縫分，檢查大小是否恰當。標記出底線，移除外袋，然後用珠針固定外袋的底部，車縫固定。將底部的縫分修剪為0.6公分(0.25吋)。

6 製作提把環，自細格紋布上剪10條6X9公分(2.375X3.5吋)布條，燙在奇異襯上。將奇異襯剪成布條的大小。將布條摺3褶，成為2公分(0.75吋)寬的布條，整燙。將5個布條對摺成一半，套住一個提把，然後車縫固定。用珠針將布環以均勻的間隔固定在彎度上。調整內外袋。將外袋的上緣對齊內袋摺起，用珠針固定。沿著上緣車縫固定。換上拉鍊壓腳，盡可能地貼緊提把車縫。弧度的部分要小心車縫，在頭尾都要倒車與以強化。

結飾包

　這個可愛包包的華麗感，來自於較厚、織紋繁複的提花家飾布料。這種布料是用特殊的提花專用織機，透過打洞卡片控制經線才能創造出這種紋樣。挑選較薄的印花布料來製作結飾，以製造出絲巾隨意地綁在包包上的感覺。可以簡單地透過更換結飾改變包包的模樣，搭配不同場合的服裝。

材料

40X84公分(16X33吋)米色提花家飾布

40X54公分(16X22吋)帆布黏襯

直尺

鉛筆

奇異襯

1公尺(39吋)長0.6公分(0.25吋)寬的米色或白色緞帶

16X32平方公分(6.25X12.5平方英吋)奇異襯

一對9X12公分(3.5X4.75吋)橢圓形木質提把

65X60平方公分(24X26平方英吋)米色印花布作為襯裏

縫分是1.5公分(0.625吋)，採用平針縫

1 剪下兩塊40X42公分(16X16.5吋)的米色提花家飾布,以及兩塊40X27公分(15.75X10.5吋)的帆布黏襯。將粘襯放在提花布的背面,對齊下緣,整燙固定。以相同手法處理另一塊布。將兩塊布正面相對,用珠針固定,然後車縫固定兩側及底部。

小撇步

如果想要節省時間,不想要在車縫之前假縫固定,可以直接將珠針以垂直於縫線走向的角度插入固定,然後直接車過珠針。

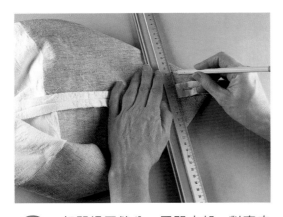

2 打開燙平縫分。展開底部,對齊底布及側邊縫線,讓側邊縫線在上,後用一根珠針穿過兩條縫線,以對齊固定。自尖角量6公分(2.375吋)的位置用鉛筆畫一道約12公分(4.75吋)長與縫線垂直的線。沿著鉛筆線車縫,頭尾都要倒車與以強化。在縫線上縫毛邊縫,然後剪掉三角形的布料。在另一角重複。

3 將兩側縫分修剪到粘襯的位置,以減少厚度。將上緣摺起,直到兩側只有25公分(10吋)高。距離上緣5公分(2吋)以及6.5公分(2.5吋)的位置各車一道縫線,形成一個1.5公分(0.5吋)的包管。在包包內側剪開包管位置上一側的縫線。由同一個缺口進出,穿一條緞帶。拉緊緞帶直到包包的內側開口只有20公分(8吋)寬,然後綁緊緞帶。

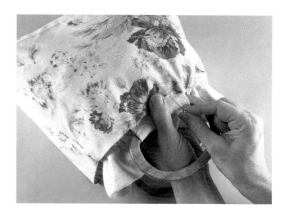

4 要製作提把布，剪兩塊16平方公分 (6.25平方英吋)的提花布，然後在背面燙上奇異襯，並且修剪尺寸。將兩個對角向中央摺起，整燙。將布條包住提把，對齊毛邊，用拉鍊壓腳盡可能地貼近提把車縫固定在包管線上。

5 製作襯裏，剪下40X22公分 (15.75X8.625吋)的米色印花布。正面相對，將側邊和底部和角落如【步驟2】說明縫合。將袋子翻轉過來，放入內袋中。將襯裏的上緣反摺下來，用珠針固定後配合皺褶調整。在包管線的上緣挑縫固定。

6 製作裝飾結，剪一塊25X60公分 (10X23.5吋)的印花布。正面相對，沿著長邊對摺。從兩端沿著毛邊量25公分 (10吋)，從這一點畫一條弧線至兩端對摺的點。沿著線車縫，在中間留下一個15公分 (6吋)的開口供反轉。修剪縫分，反轉成正面，正燙，然後挑縫合起反轉開口。將布條綁在包包上。調整皺褶然後用珠針固定。用藏針縫將布料及皺褶固定住。

小撇步

將尖角上多餘的布料修除，利用大棒針頂出反轉的尖角。

烏甘紗托特包（38〜42頁）請使用原寸影印

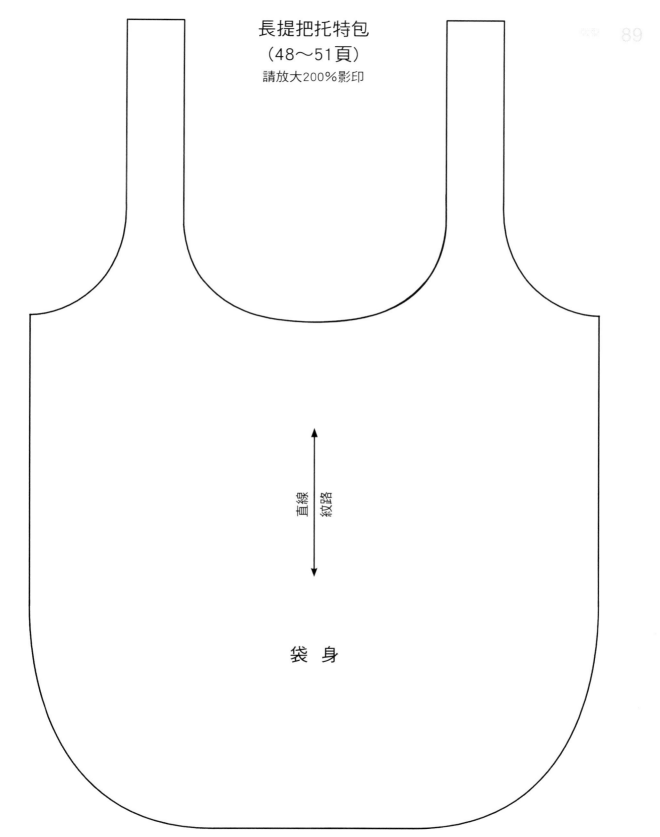

長提把托特包
（48～51頁）
請放大200％影印

直線 紋路

袋 身

雙面包(56～59頁) 請放大200%影印

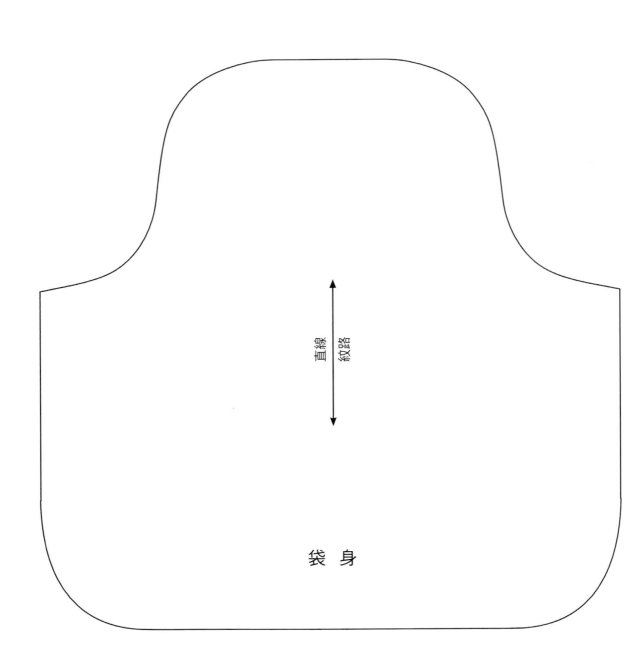

直線
紋路

袋　身

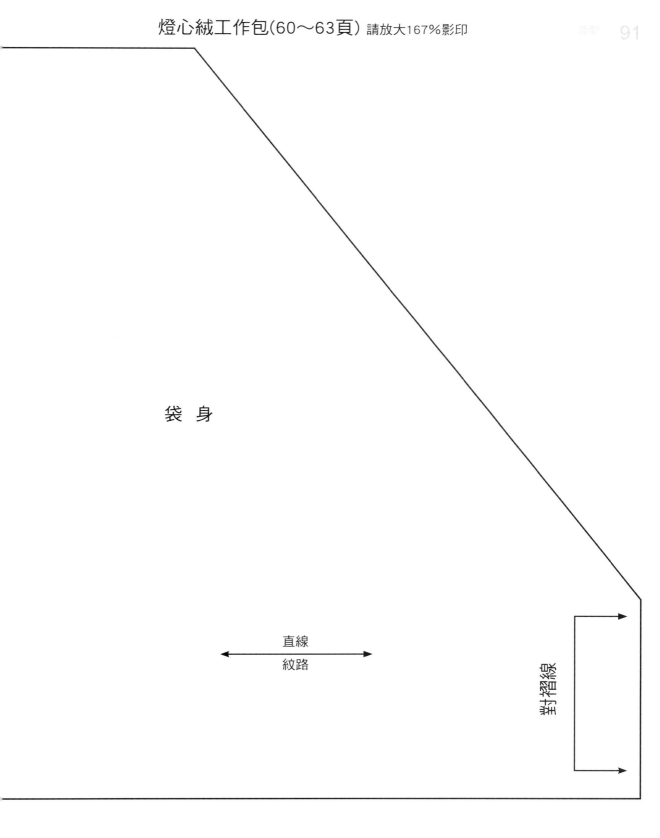

袋　身

直線
紋路

對摺線

大麥町紋羽毛包(68～71頁) 請放大200%影印

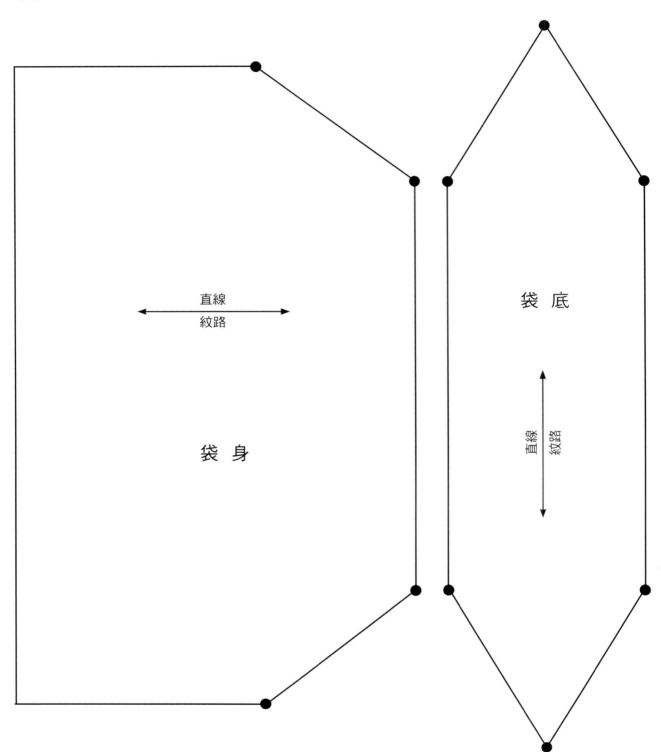

直線
紋路

袋　身

袋　底

直線　紋路

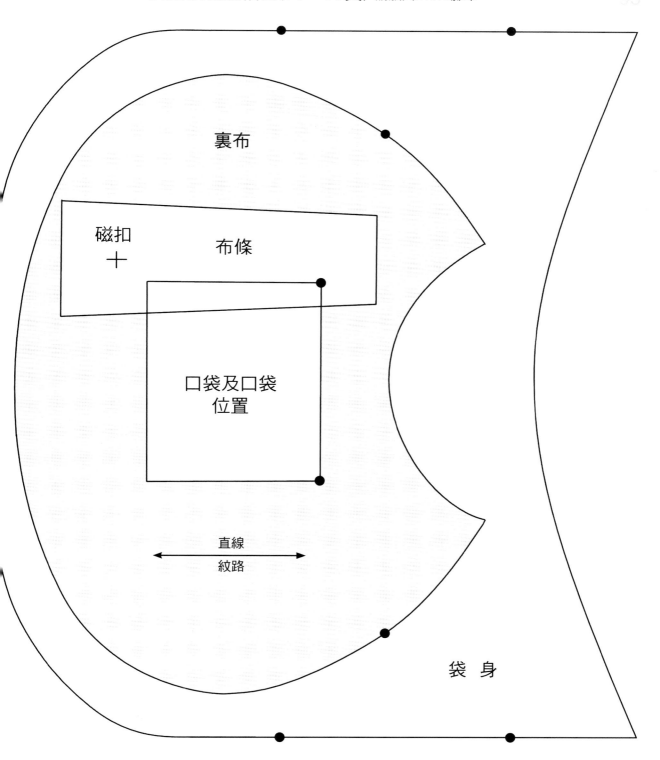

裏布

磁扣
＋

布條

口袋及口袋
位置

直線
紋路

袋　身

海灘包(78～81頁) 請放大200%影印

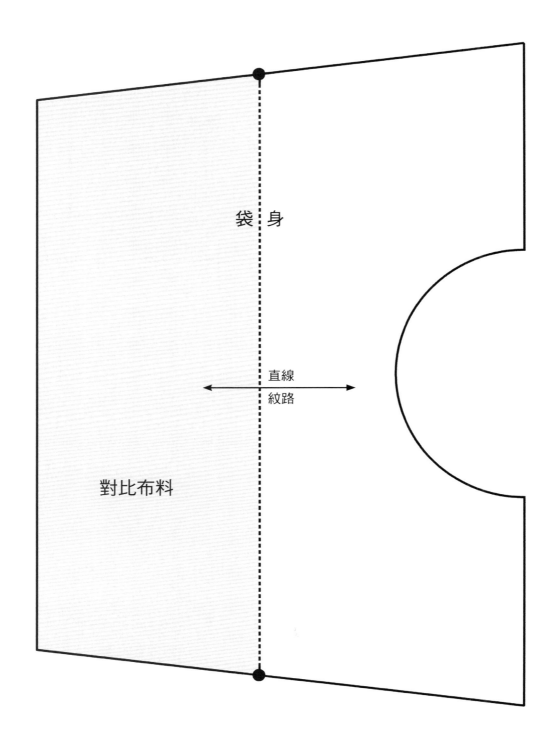

袋　身

直線
紋路

對比布料

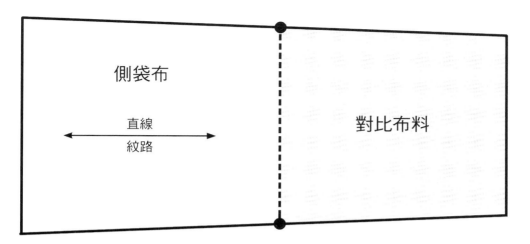

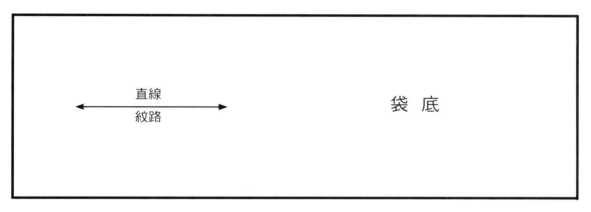

供應商

英 國

Bedecked Limited
(buckles and trimmings)
Wernwen Farm
Craswall
Hereford HR2 OPP
T: +44 (0)1981 510384
W: www.bedecked.co.uk

Coats Crafts UK
(bag handles and haberdashery)
PO Box 22
Lingfield Point
Darlington
Co. Durham DL1 12YQ
T: + 44 (0)1325 394237
W: www.coatscrafts.com

Hobbycraft
(Pebéo touch, beads, interfacings,
haberdashery)
T: 0800 027 2387 for nearest store
Mail order: +44 (0)1202 596100
W: www.hobbycraft.co.uk

James Hare Silks
(silk dupion and organza)
PO Box 72
Monarch House
Queen Street
Leeds LS1 1LX
T: +44 (0)113 243 1204
W: www.jamesharesilks.co.uk

John Lewis Partnership
(fabrics, interfacings, bag handles,
haberdashery, beads)
Branches nationwide
T: +44 (0)115 941 8282 for nearest store
W: www.johnlewis.com

Kleins
(acrylic handles, dyes, haberdashery)
5 Noel Street
London W1F 8GD
T: +44 (0)20 7437 6162
W: www.kleins.co.uk

MacCulloch and Wallis
(ostrich feather trim, bag handles,
fabrics, haberdashery)
25–26 Dering Street
London W1S 1AT
T: +44 (0)20 7629 0311
E: macculloch@psilink.co.uk

Sinotex UK Ltd
(ARTY'S readymade undyed bags)
Unit D, The Courtyard Business Centre
Lonesome Lane, Reigate
Surrey RH2 7QT
T: +44 (0)1737 245450
W: www.artys.co.uk